Der Dackel

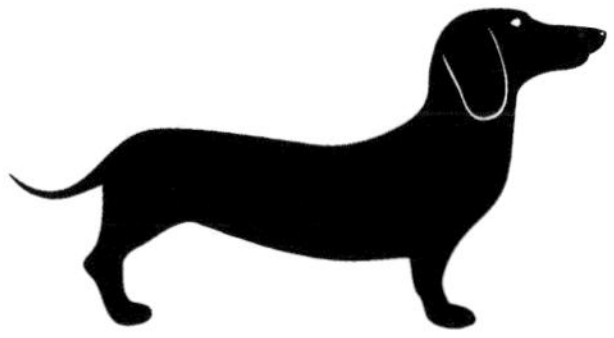

Der Dackel

Text von Eve Schwender

Fotografien von Petra Spoerle-Strohmenger

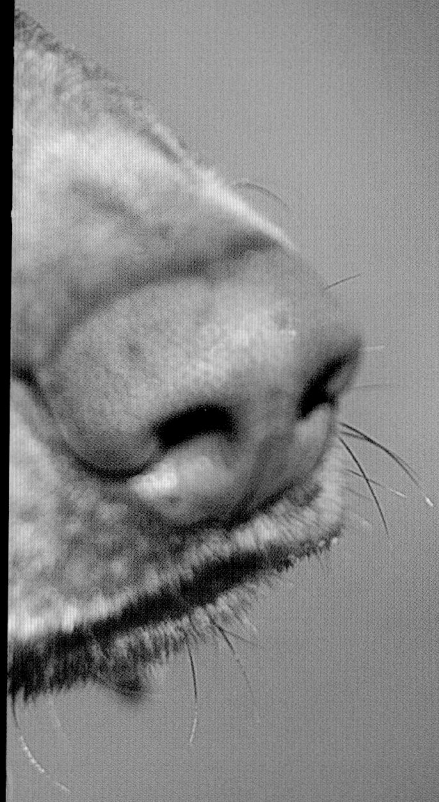

KNESEBECK

Inhalt

1.
Einführung

Wie ich auf den Dackel kam

Der erste Dackel, der in meinem Leben eine Rolle spielte, war ein Langhaardackel. Er hieß Wackel und gehörte meiner Tante Marie. Wobei es in diesem speziellen Fall vielleicht korrekter wäre, zu sagen: Meine Tante Marie gehörte ihm, dem Wackel.

Ich hatte einen gesunden Respekt vor dem kleinen Kerl und das nicht ohne Grund. Wackel war ein energisches, selbstbewusstes Tier. Er machte jedem Menschen in seiner Umgebung zu jeder Zeit klar, wer der eigentliche Herr in Tante Maries Wohnung war.

Zwar fühle ich seit jeher eine tiefe Zuneigung zu allen Tieren, doch hatte ich andererseits schon als kleines Mädchen ein instinktives Gespür für Wackels Charakter. Das heißt: Auch im Alter von gerade mal fünf Jahren war mir bereits absolut klar, dass es nicht ratsam wäre, diesen verzogenen Miesepeter zu kränken, zu verärgern, ihm gar auf die Nerven zu gehen. Hatte man die einzige Regel in Tante Maries Haushalt verletzt, kommentierte Wackel dies mit einem tiefen Grollen und zeigte der unhöflichen Person seine gefährlich blitzende vordere Zahnreihe.

Mein erstes Stelldichein mit dieser Hunderasse war also nicht unbedingt eine positive Erfahrung. Wenn man mich damals gefragt hätte, was ich denn einmal werden möchte, ich wäre nicht auf die Idee gekommen, zu sagen, dass ich gerne einmal Hunde, im speziellen Dackel, trainieren würde. Und das nicht nur, weil ich als kleines Mädchen natürlich keine Ahnung hatte, dass es diesen Beruf überhaupt gibt. Wenn ich an die Tage in Tante Maries Wohnung zurückdenke, ist es schon ein kleines Wunder, dass mich diese kleinen mutigen Kerle bis heute begleiten, dass ich Tag für Tag mit ihnen verbringe, dass die Faszination für diese lustigen Kobolde einfach nicht nachlässt. Und: dass einer der berühmtesten Dackel des Landes bei mir zu Hause wohnt.

Meine Eltern, Tante Marie, die Erwachsenen, sie wurden damals nie müde, mich zu warnen: Von Wackel möge ich mich fernhalten. Dackel würden Kinder nicht mögen. Bis heute hört man immer, der Dackel an sich sei falsch, eigensinnig, stur, nicht zu erziehen. Ich bin froh, dass ich über die Jahre während meiner Arbeit das genaue Gegenteil erfahren durfte.

In der Zeit zwischen meiner Erfahrung mit Wackel und dem Beginn meiner Karriere in der Dackelbranche gab es, bis auf zufällige Begegnungen auf der Straße, kaum Berührungspunkte. Ich hatte bereits eine Familie gegründet und lebte auf einem Bauernhof, wo ich drei Kinder großzog, als mich meine berufliche Laufbahn über Umwege und Zufälle zum Film führte.

Wie gesagt: Ich war ja schon als Kind allen Tieren zugeneigt. Selbst für den in den Augen vieler fiesen Wackel hatte ich irgendwie etwas übrig. Ich schreckte vielleicht vor ihm zurück, hielt mich im Zweifelsfall lieber fern, aber ich verübelte ihm sein Wesen nicht. Wenn man mich damals also fragte, was ich denn werden möchte, so antwortete ich meistens, ich wolle zum Zirkus gehen, als Raubtierdompteurin. Letztlich bin ich beim Filmzirkus gelandet. Dort arbeitete ich zwar nicht mit Raubkatzen, dafür aber mit vielen anderen Tierarten, vor allem jedoch mit Hunden. Und ganz so weit, wie man erst einmal glauben mag, ist der Sprung von Löwe und Tiger zum Dackel dann doch nicht.

Einen reichen Wissens- und Erfahrungsschatz habe ich mir in den Vorjahren jedoch auf ganz andere Art und Weise erarbeitet. Ich besuchte unzählige Seminare namhafter Kynologen und engagierte mich ehrenamtlich bei der Betreuung großer Hunderudel verschiedener Tierheime im In- und Ausland. Ich wollte alles wissen über die Ausbildung eines Blindenführhundes, über Hunde im therapeutischen Einsatz oder als Helfer von Menschen mit Handicaps. Aber auch die verhaltenstherapeutische Arbeit mit Hunden weckte großes Interesse bei mir und irgendwann das Training von Hunden für Filmaufnahmen. So kam es, dass ich in diesen Bereichen tätig wurde und eine Hundeschule gründete.

Tatsächlich war da zuerst die Filmbranche, dann der Dackel. Ich trainierte schon seit einiger Zeit Tiere für diverse Produktionsfirmen, unter anderem Pferde, Katzen, Nager und vor allem Hunde (Eve Schwender und ihre Hunde: Abbildungen Seite 11 und 12). Ich galt als Spezialistin für angeblich unerziehbare Windhunde. Als ich eines Tages die Anfrage einer Produktionsfirma erhielt, ob ich denn auch Dackel trainiere, musste ich allerdings verneinen. Ganz gemäß der geläufigen Klischees galten diese als wenig geeignet für die Arbeit am Filmset. Ich wollte mich weder davon noch von meinen Erinnerungen an Wackel abschrecken lassen und verkündete aus innerster Überzeugung: Machbar ist fast alles!

Auf der Suche nach einem geeigneten Vertreter dieser Rasse wurde ich relativ schnell fündig. Ein älteres Ehepaar in München besaß einen damals einjährigen schönen, roten »Zwergkurzhaardackel«. Sie willigten überraschend gerne ein, ihn mir für Dreharbeiten zur Verfügung zu stellen. Sein Name war Wastl: Für meinen Geschmack etwas sehr nah an Wackel, aber eben typisch münchnerisch, wie es sich gehört.

Zum Glück hatte Wastl sonst sehr wenig mit Wackel gemein. Das fing schon beim äußeren Erscheinungsbild an: Wackel war ein großer Standardlanghaardackel mit langem roten Fell, das wie ein Mantel an ihm herunterhing, und einer langen, schmalen Schnauze. Der Zwerg Wastl hatte kurzes, rot-braunes Fell, sein Körper war stämmig und muskulös. Auch in ihrem Wesen unterschieden sich die beiden grundlegend voneinander. Wastl sah man seine Lebensfreude an, der Schalk blitzte aus seinen dunkelbraunen Augen. Er war jedem Menschen gegenüber von vornherein sehr aufgeschlossen, ein charakterstarkes und dennoch freundliches Tier.

Es überraschte mich nicht, dass es mit Leichtigkeit gelang, die Produktionsfirma von Wastl zu überzeugen. Die Verantwortlichen waren ebenso begeistert von ihm wie ich. Nur seinen Namen würde er nicht behalten können, teilte man mir bedauernd mit: In der geplanten Comedy-Serie sollte Wastl auf den Namen »Bodo« hören. Er wäre dann das über alles geliebte Tier eines gewissen »Hausmeister Krause«.

Vielen Leserinnen und Lesern dürfte der Dackel Bodo – mit vollständigem Namen übrigens »Bodo von der Hermannsklause« – ein Begriff sein. »Hausmeister Krause« lief bis 2010 auf SAT.1 und war damit zehn Jahre lang ein integraler Bestandteil der deutschen Fernsehunterhaltung und Popkultur. Natürlich war der Hausmeister, gespielt von Tom Gerhard, der (Anti-)Held und Protagonist, ich wage aber zu behaupten, dass Bodo der eigentliche Liebling vieler Fans war. Etliche Folgen befassten sich explizit und vorrangig mit seinem Schicksal.

Leider ist ein Hundeleben nicht ganz so lang wie das eines Menschen. Die wenigsten wissen, dass es sich beim Dackel Bodo keineswegs über zehn Jahre lang um ein und denselben Hund gehandelt hat. Obwohl Wastl bis zu seiner letzten Einstellung mit großer Begeisterung vor der Kamera stand, entschied ich irgendwann, dass er sich seine Rente nun so langsam verdient hatte. Er war mittlerweile schon recht in die Jahre gekommen.

Es musste also ein Nachfolger gefunden werden. Bei einem Züchter entdeckten wir den vier Monate jungen Dackelrüden Gigolo. Damit dieser sich am Filmset nicht umgewöhnen musste, tauften wir ihn der Einfachheit halber gleich Bodo. Er war der erste Dackel, der bei uns zu Hause einzog und Teil meiner Familie wurde. Heute genießt er gemeinsam mit seiner Dackelgefährtin Zoulo seine Rente auf unserem Hof (Abbildungen Seite 8 und 11).

Wir, der »neue« Bodo und ich, waren gerade noch bei den Vorbereitungen, beim Training für seinen ersten Auftritt am Filmset, als Wastl, tränenreich verabschiedet von vielen, in die ewigen Dackeljagdgründe überging. So kam der noch sehr junge Hund recht spontan und früher als geplant zu seiner Fernsehpremiere.

Vielleicht erinnert sich der eine oder andere: Bei einem Dackel blieb es damals freilich nicht. Der Hausmeister Krause war schließlich aktives Mitglied im Dackelclub KTC (Kölner Teckel Club). Auch die anderen Dackel, die einen oder mehrere Auftritte in der Serie hatten, wurden von mir

trainiert und betreut. Das bereits erwähnte Dackelmädchen Zoulo landete durch Zufall in unserer Familie und wurde sehr schnell ein begehrtes Double für Bodo. Als Hündin erwies sie sich als etwas flexibler und kooperativer als Bodo, bei dem sich gewisse Starallüren bemerkbar machten und der den berühmten Dackelblick mit großem Erfolg einzusetzen wusste.

So schnell kann es gehen, denke ich heute: Von der Windhund- zur Dackelexpertin mehr oder weniger über Nacht. Gerade eben hatte der Dackel noch als ungeeignet gegolten, im nächsten Moment war ich am Filmset teilweise von mehr Dackeln als Menschen umgeben.

In den frühen Jahren des neuen Jahrtausends war Bodo zweifellos einer der bekanntesten Filmhunde Deutschlands. Man mag über das Niveau der Serie streiten – auch wenn sie als Parodie auf das deutsche Spießbürgertum durchaus ihre Qualitäten hatte –, für mich persönlich jedenfalls war sie ein unverhofftes Geschenk. In dieser Zeit habe ich meine große Liebe zu den Dackeln entdeckt.

Der Erfolg der Serie war letztendlich mitverantwortlich für meinen Bekanntheitsgrad als »Dackelexpertin«. Die Anstellung brachte mich in eine Position, in der ich jeden Tag mit den verschiedensten Individuen dieser Rasse die unterschiedlichsten Erfahrungen sammeln durfte. Und da ich an mich selbst den Anspruch stelle, stets maximal professionell zu arbeiten, gingen von nun an viele freie Stunden an die theoretische und praktische Beschäftigung mit dem Dackel. Intensiv befasste ich mich auch mit seiner ursprünglichen Bestimmung und größten Passion, seinem Einsatz an der Seite des Jägers.

Bodo war bald ein gefragter vierbeiniger Fernsehstar. Für einen internationalen Werbespot flogen wir in die Schweiz. In einer Münchner Episode von Deutschlands beliebtester Krimiserie, dem »Tatort«, wurde von ihm verlangt, er möge an einer bestimmten Stelle auf Kommando Wasser lassen. Während dieser Dreharbeiten wurde witzigerweise der Begriff »D-Kamera« ins Leben gerufen: Die Dackelkamera ist ein bewegliches Modell, das am Boden

fährt und genau auf die Höhe des Hundes abgestimmt ist, ihn so also in Nahaufnahme zeigen oder aus der Perspektive des Hundes Bilder machen kann.

Dank Bodo durfte ich auf Veranstaltungen wie dem Deutschen Fernsehpreis dabei sein. Wir hatten unseren eigenen Chauffeur, der nicht nur die Limousine fuhr, sondern auch dem Dackel seinen Napf mit stets frischem Wasser reichte. Erst wenn der Hund zufrieden war, wurde ich gefragt, ob man mir etwas Gutes tun könne. Ich durfte mich in diesen Tagen keinen Illusionen darüber hingeben, wer von uns beiden der Star und wer das Anhängsel war.

Es waren schöne Zeiten. Heute ist Bodos Ruhm, das muss man so ehrlich sagen, ein wenig verblasst. Meine im Zuge der Produktion entfachte Liebe zu diesen Tieren ist hingegen so frisch wie an dem Tag, als ich das Münchner Ehepaar bat, mir ihren Wastl zur Verfügung zu stellen. Als eine, die wichtige Jahre mit diesen Tieren verbracht hat und sich heute kein Leben ohne Dackel mehr vorstellen mag, weiß ich, wovon ich spreche, wenn ich von Dackeln rede. Egal, ob störrisch und bissig wie Wackel oder so herzensgut wie Wastl – jeder Dackel ist einzigartig und eben deshalb so liebenswert.

Die Entwicklung der Welpenzahlen in den vergangenen Jahren gibt mir recht. Nachdem er eine Zeit lang aus dem Fokus der Hundeliebhaber gerückt war und ihm ein etwas zu spießiges Image anhaftete, liegt der Dackel heute wieder voll im Trend. Dass sich plötzlich auch Stars wie Heidi Klum oder Adele mit Dackel vor die Linsen der Paparazzi wagen, lässt fast schon vermuten, der Dackel könnte an seine große Popularität in den 1970er-Jahren anknüpfen. Auf einmal ist der Dackel nicht mehr nur das ewige Rentneraccessoire, sondern cool und retro. Man findet ihn auf Tassen, als Ohrring, auf T-Shirts und Jutebeuteln.

Wenn es nach mir geht, sollte diese Rasse nicht zum Modetrend werden. Der Fokus der Öffentlichkeit hat einer Rasse noch nie sehr gut getan. Zu große Nachfrage hat meist skrupellose Machenschaften seitens unseriöser Züchter und damit Unmengen an Welpen zur Folge. Bis dato findet man glücklicherweise kaum einen Dackel in unseren Tierheimen. Dies könnte sich dann aber sehr schnell ändern. Ich wünsche unseren Dackeln, dass sie nicht nur schick auf Promifotos aussehen und ein beliebtes Motiv der Produktdesigner sind. Sie haben viel mehr zu bieten! Ob als Begleiter eines Singles, einer Familie oder des Jägers – für jeden Anspruch gibt es auch den geeigneten Dackel.

Wenn Sie bereits Dackelbesitzer sind, werden Sie hoffentlich Freude haben an der Lektüre und an der einen oder anderen Stelle auch etwas dazulernen. Wenn Sie sich mit dem Gedanken tragen, einen Dackel anzuschaffen, überlegen Sie beim Lesen des Buches, ob der Dackel auch wirklich zu Ihnen passt, ob Sie mit jeder Faser Ihres Herzens Ja zu diesem ganz besonderen kleinen Hund sagen können. Ich hoffe sehr, dass ich mit meinen Zeilen zur richtigen Entscheidungsfindung beitragen kann und viele glückliche (!) Mensch-Dackel-Beziehungen dadurch entstehen. Ich wünsche allen Dackeln dieser Welt ein ausgefülltes, glückliches Leben an der Seite verantwortungsbewusster Menschen, die gerade seine Eigenheiten schätzen und keinen Tag mit ihrem kleinen Kobold auf krummen Beinchen missen mögen.

Eine kleine Kulturgeschichte

Der Dackel hat eine reiche und weit zurückreichende Geschichte. Es wird vermutet, dass er, beziehungsweise seine Vorfahren, seit über 2000 Jahren über die Erde hopsen.

Schon in der Antike holte sich der Mensch bei der Jagd Unterstützung von Hunden. Keltische Volksstämme vertrauten dabei auf Bracken. Die Keltenbracke oder Segusier (benannt nach einem dieser Stämme) gilt heute als Vorfahre des uns bekannten Dackels. Da die Segusier um das heutige Lyon siedelten, können wir feststellen: Der Dackel ist von der Abstammung her ein Franzose. Auch aus Sicht der Archäologen gilt die Keltenbracke, die ihre Beute mit tiefer Nase verfolgte, nicht nur als Urvater unserer Dackel, sondern sämtlicher Leit- und Schweißhunde.

Auch die Römer schätzten die Vorfahren unseres Dackels. Im 2. Jahrhundert vor Christus lobten die Schriftsteller des römischen Reiches die »kurzbeinigen Tiere« für ihre besondere »Jagdfertigkeit«. Im Mittelalter stellten Füchse und Dachse, die Hühner rissen und Feldfrüchte fraßen, die Landwirte vor große Schwierigkeiten. Unter der Erde hatten die Jäger keinen Zugriff auf die Räuber. So führte der enorme Bedarf an kleinen Nutzhunden, die selbstständig unter der Erde arbeiteten und Füchse und Dachse stellten, zu gezielten Züchtungen mit Bracken. Gefragt waren Hunde mit ausgeprägtem Jagdtrieb und krummen Beinen zum Graben und zur schnelleren Fortbewegung unter der Erde. Die Hunde, die damals gezüchtet wurden, waren größer als unsere heutigen Dackel und hatten Stehohren. Bis zum 18. Jahrhundert entstanden verschiedene Zuchtrichtungen unter Bezeichnungen wie Tachs-Krieger, Tachs-Kriecher und Tachs-Schlieffer. Diese Begriffe sind der Ursprung der beiden synonymen Bezeichnungen für den Dackel, die heute noch geläufig sind: Teckel oder Dachshund.

Die verkürzten Beine der Dackel sind das Resultat einer gezielten Selektion auf Hunde mit Chondrodysplasie, auch Achondroplasie genannt (Störung der Knorpelbildung). Dies ist die häufigste Form des genetisch bedingten Kleinwuchses, der auch beim Menschen vorkommt. Ein weiteres Erbe aus dem Mittelalter ist der Umstand, dass bis heute stets der Brustumfang eines Dackels angegeben wird. So kann man kontrollieren, ob es dem Hund möglich ist, in die engen Gänge der Fuchs- oder Dachsbauten einzudringen.

Erwähnt wurden »Hunde speziell für die Jagd in Dachs- und Fuchsbauten« erstmals in einem Hundebuch aus dem Jahr 1560. In der französischen Literatur findet man 1562 die Beschreibung von niederläufigen Hunden. 1719 erschien dann das Buch »Der vollkommen teutsche Jäger« des pommerschen Wild- und Forstmeisters Hans Friedrich von Flemming. Im Kapitel »Von denen Hunden« beschreibt er einen Hund, bei dem es sich eigentlich nur um einen Dackel handeln kann. Ganz allgemein outete sich von Flemming in seinem Buch als einer der größten denkbaren Hundefans: »Die Hunde sind wegen ihrer besonderen Treue, Wachsamkeit, beständigem Gehorsam und Liebe zu ihrem Herren, scharfsinnigen Gedächtniß desjenigen, so sie gelehret und ihnen gewiesen wird, und anderer sehr vielen Eigenschafften mehr, allen anderen Thieren weit vorzuziehen.«

Das erste deutsche Hundestammbuch erschien 1840, erwähnt sind darin 54 Teckel. Der Gedanke an eine Reinzucht begeisterte adlige Jäger und sie begannen, systematisch zu züchten. Die Reinzucht wirkt der Durchmischung von Hunderassen entgegen, da hierbei nur die Tiere einer Rasse gepaart werden. Es ist die wichtigste Methode zur Erhaltung einer Rasse. Die Verbreitung der Dackel nahm ab diesem Zeitpunkt wieder zu. 1879 wurden die ersten Rassekennzeichen aufgestellt. Das heißt: Berechtigte Züchter definieren Merkmale und Eigenschaften, die die Mitglieder der Rasse Teckel möglichst ausgeprägt aufweisen sollten. Es entstand ein Rassestandard. Zu diesem gehört heute beispielsweise die »niedrige, kurzläufige, aber langgestreckte Gestalt«, das »ausgeglichene Temperament« und noch vieles, vieles mehr.

1888 gründen die Hundeliebhaber Klaus Graf Hahn und Dr. Emil Illgner den deutschen Teckelklub, der bis zum heutigen Tag existiert. Sie definierten die Kombination von Schönheit und jagdlicher Leistung als Zuchtziel des Vereins. An diesem Grundsatz hat sich seitdem nichts geändert.

Im 19. Jahrhundert entstanden die ersten Variationen der Ur-Rasse, des schwarz-roten Kurzhaardackels. Aus der Kreuzung zweier Linien, eine schwarz-rot, die andere rot, entstand zu dieser Zeit der Teckel, der bis heute die weiteste Verbreitung hat. In dieser Zeit erlangte der Dackel erstmals auch außerhalb von Deutschland Bekanntheit. Die englische Königin Victoria lernte die Tiere über ihren Enkel, Kaiser Wilhelm II., kennen. Königin Victoria war nicht nur eine der ersten Prominenten, die mit Dackel gesichtet wurde, sondern ganz allgemein ein ausgemachter Hundenarr. Ihre Sammlung bestand auf ihrem Höhepunkt aus 35 Spitzen, 38 Möpsen, 80 Terriern, 88 Collies und nicht weniger als 1880 Dackeln. Ihrem Enkel, dem deutschen Kaiser, reichten, ganz bescheiden, vier Dackel: Hexe, Dachs, Liesel und sein Liebling, Erdmann. Erdmann verstarb am 15. August 1901 auf Schloss Wilhelmshöhe bei Kassel. Um seinem Schmerz angemessen Ausdruck zu verleihen, richtete der Kaiser ein pompöses Begräbnis aus und ließ ein eindrucksvolles Denkmal für den

Dackel errichten. Auf Erdmanns Grabstätte lesen Besucher bis heute die Worte: »Andenken an meinen treuen Dachshund Erdmann 1890–1901. W II.«

Der Erste Weltkrieg unterbrach das Vorhaben, einen international anerkannten und allgemein gültigen Rassestandard durchzusetzen. Erst 1925 gelang dann endlich die Publikation dieses Standards.

Heute gibt es drei unterschiedliche Dackelrassen in jeweils drei Größen. Die Rassen unterscheiden sich in der Länge beziehungsweise Struktur des Fells. Man spricht von Kurzhaar-, Langhaar- und Rauhaardackeln und den Größen Standard, Zwerg und Kaninchen. Letztere resultiert aus der Idee, mit einem kleineren Dackel auch Jagd auf Kaninchen machen zu können.

In der Mitte des 20. Jahrhunderts gehörte der Dachshund hierzulande zu den beliebtesten Rassen und hatte im Jahr 1972 mit rund 28 000 Dackelwelpen die meisten Nachkommen. Es ist das Jahr der Olympischen Spiele in München. Zum ersten Mal wird ein Wettbewerb für ein Maskottchen ausgeschrieben. Der Sieger heißt Waldi und ist, natürlich, ein Dackel. Die Idee kam von Willi Daume, dem damaligen Vorsitzenden des Nationalen Olympischen Komitees für Deutschland – und passionierten Dackelbesitzer. Die Wahl erschien ihm aus zwei Gründen passend: Zum einen galt der Dackel als typisch münchnerisches Haustier, zum anderen verbindet er sportliche Eigenschaften wie Zähigkeit, Beweglichkeit und Widerstandsfähigkeit. Als Vorbild bei der Gestaltung Waldis wurde die 84 Tage alte Hündin mit dem aristokratischen Namen Cherie von Birkenhof ausgewählt.

Trotz dieses auch nach der Olympiade allgegenwärtigen Maskottchens, an das sich die meisten sicher noch erinnern können, verlor der Dackel nach dem großen Boom in den 1970er-Jahren in den folgenden Jahrzehnten rapide an Popularität. Im Jahr 2005 wurden in Deutschland nur noch etwa 7300 Dackelwelpen geboren. Zum Vergleich: Neun Jahre zuvor waren es noch 12000. 2007 werden die Medien auf die Statistiken aufmerksam. Die Analyse war klar: Der Dackel galt als bieder, regional verwurzelt und nicht kosmopolitisch. Kurz: Er war nicht mehr zeitgemäß. Und obwohl über 7000 geborene Welpen pro Jahr noch immer eine ganze Menge sind, war sogar von einem Dackelsterben die Rede.

Lustige Namen, wie im Englischen der »sausage dog«, in Wien der »Rinnsaldampfer« oder »Wadlbeißer« und bei unseren Dreharbeiten der »Bodenporsche«, konnten nichts daran ändern, dass dem Dackel andere Hunderassen wie Golden Retriever, Cockerspaniel oder der Weimaraner den Rang abliefen. Auch unser »Bodo von der Herrmannsklause« mit seinem Fernseh-Hausmeister Krause konnte den Geburteneinbruch bei den Teckeln nicht stoppen. Ebenso wenig wie der hierzulande bekannte Wackeldackel, der in den 1970er-Jahren als Accessoire vieler Pkws vorzufinden war und in den 1990er-Jahren sein Revival erlebte. Eine Zeit lang sah man den Dackel tatsächlich nur noch selten auf deutschen Straßen und in Parks herumtoben.

Wie schnelllebig Hundemoden sind, lässt sich derzeit wohl an keinem anderen Tier besser nachvollziehen. Die Abgesänge waren kaum verklungen, als die einschlägigen Medien das große Comeback ausriefen und vom Lifestyle-Accessoire der Saison sprachen. Der Innovationstrend der Moderne ist im zweiten Jahrzehnt des 21. Jahrhunderts abgeflaut. Wir leben in den Jahren von Retro-Chic und Landlust-Kitsch. Gerade bei jungen Leuten drückt sich die Sehnsucht nach Einfachheit in dieser Zuwendung zum Alten, Gebrauchten, Verlässlichen aus. Der Dackel ist der Hund, der wie kein anderer zu dieser Entwicklung passt.

Für die Zuchtvereine ist das immer ein schmaler Grat: Einerseits arbeiteten sie dem Dackelsterben in den vergangenen Jahren mit verschiedenen Kampagnen aktiv entgegen. Andererseits laufen die Modehunde generell Gefahr, zum bloßen Schmuckstück zu verkommen. Als Gewinner dieser Wellenbewegung kann eigentlich nur der Schäferhund gelten – immer beliebt, aber nie in Mode. Das gilt in der Art für keine zweite Rasse. Wir erinnern uns: Lassie machte den Collie populär, Disney den Dalmatiner, Paris Hilton den Chihuahua. Der Einfluss der Popkultur auf die Kaufentscheidungen potenzieller Hundebesitzer im 20. Jahrhundert ist immens. Der Dackel macht da keine Ausnahme. Angefangen bei Königin Victoria und Kaiser Wilhelm sonnte er sich eigentlich stets gern im Licht der Öffentlichkeit. Prominente sind eben Trendsetter, nicht nur in Sachen Kleidung, sondern auch, was die Wahl des richtigen Vierbeiners angeht.

Von einer ganz besonderen Beziehung kann beispielsweise bei Pablo Picasso und seinem Dackel Lump die Rede sein. Dabei war Picasso gar nicht auf der Suche nach einem Hund gewesen. Lump gehörte eigentlich dem Fotografen David Douglas Duncan. Dieser besuchte seinen Freund Picasso, woraufhin er feststellen musste, dass Lump diesem weitaus mehr Zuneigung entgegenbrachte als ihm selbst. »Er verließ mich, um mit Picasso zu leben«, so Duncan. Es habe sich um eine Seelenverwandtschaft gehandelt. Bei Picasso blieb Lump dann auch bis zu seinem Tod. In den Jahren an der Seite des Malers wurde er nicht nur zum bedeutendsten Tiermodell der Kunstgeschichte, sondern auch zu einer wichtigen Konstante in Picassos Leben. Der Spanier galt als Macho und notorischer Frauenheld, charmant, aber zu narzisstisch, um auf Dauer beziehungsfähig zu sein. Nur Lump blieb all die Jahre an seiner Seite. Zehn Tage nach dessen Tod, am 29. März 1973, verstarb auch sein Herrchen. 2006 erschien David Douglas Duncans Bildband »Picasso & Lump. A Dachshund's Odyssey«.

Auch Picassos Kollege Andy Warhol nutzte den Dachshund als Motiv und Inspirationsquelle. Seinen beiden Dackeln Archie und Amos setzte er ein Popart-Denkmal, das sich vor dem berühmten Porträt Marilyn Monroes nicht zu verstecken braucht.

Wenn man an die größten Schauspieler des vergangenen Jahrhunderts denkt, gehören mit Sicherheit drei dazu, die ohne Dackel nicht denkbar gewesen wären. Ausgerechnet der hartgesottene Westernheld John Wayne teilte sein Leben mit Charly. Und auch die Wayne in Sachen archaischer Männlichkeit in nichts nachstehenden Kollegen James Dean und Marlon Brando ließen sich von einem Dackel begleiten: Während Brandos Hund auf den fast schon langweiligen Namen Maria hörte, ließ sich Deans Dackel Strudel rufen.

Und: Was vor über hundert Jahren für Kaiser Wilhelm und Victoria galt, gilt bis heute. Der europäische Hochadel schmückt sich besonders gern mit dem Dackel. Zumindest an Dänemarks Hof spielt er seit Jahren eine besondere Rolle. Königin Margrethe II. und ihr Prinz Henri sind leider mitt-

lerweile für ihren hohen Dackelverschleiß bekannt. Seit 2000 liefen drei ihrer Hofdackel vor Autos, etliche andere gelten als verschollen. Zu besonderer Bekanntheit gelangte 1993 Zenobia. Als die Hündin verschwand, mobilisierte die Königin ihr Volk. Hunderte liefen tagelang würstchenschwenkend durch die dänischen Wälder und plärrten nach dem verschwundenen Dackel. Alles vergebens – Zenobia wurde wohl Opfer eines hungrigen Fuchses. Ersatz war bald gefunden. Außerdem legendär: Der eines natürlichen Todes verstorbene und am Hofe zu Grabe gebettete Balthasar. Prinz Henri widmete diesem Dackel das Gedicht »A mon teckel«: *Ich liebe es, Dein Fell zu streicheln. Du lieber, du besonderer Hund. Einen Klaps willst du gerne haben. Stolz wie ein Papst empfängst du Schelte wie eine Gnade.* Das muss Liebe sein.

Dafür, dass der Dackel heute wieder so populär ist, sorgt unter anderem die Sängerin Adele. Als Musikerin mit Dackel ist sie Teil einer illustren Gesellschaft – auch George Harrison und Liam Gallagher liebten Dackel. Adele pflegt eine leidenschaftliche Beziehung zu Louie und wird immer wieder dabei fotografiert, wie sie ihren Hund wie ein Kind durch die Straßen trägt. Auf der Bühne nutzt sie die Pausen zwischen ihren Songs schon mal, um eine flammende Rede auf ihren Dackel zu halten.

Im Internet entstehen derweil Blogs, die solche und andere Bilder sammeln: »I love Dachshunds« – welcher Promi wurde zuletzt mit Dackel gesehen? Das Ganze nimmt bisweilen skurrile Ausmaße an. Als die japanische Fußball-

nationalmannschaft 2006 zur WM nach Deutschland reiste, hatte sie ihr lebendes Maskottchen dabei. Dieser Dackel hörte auf den politisch wenig korrekten Namen Erwin Rommel. Nachdem die FIFA ein Tier-Verbot für alle Stadien verhängte, Japan also ohne die Unterstützung Erwin Rommels gegen Südkorea antreten musste, verlor die Mannschaft ihr erstes Spiel nach achtzehn Siegen in Folge.

Der Dackel: treuer Begleiter, schickes Accessoire, tollkühner Jäger und Talisman. Aussterben, so viel ist heute klar, wird er sicher nicht. Im Gegenteil, der Dackel wird uns und unsere Kultur noch lange begleiten und prägen. Er sollte, so oft wie möglich, besungen werden:

Wie war die Geschichte mit Bobs Wauwau?
Ich erinnere mich nicht ganz genau,
Ob dieser Hund Bobs – Eins, zwei, drei – hops! –
Ob dieser Hund ein Rebhuhn gebar?
Auf welcher Seite er schwanger war,
Und inwiefern und ob's – Eins, zwei, drei – hops! –
Ein Dackel war, der das Rebhuhn erzeugte,
Und ob er das arme Geflügel dann säugte. –
Ich glaube, der Dackel war ein Mops. – –
Eins, zwei, drei – hops! –
Jedenfalls fraß er zu jedermanns Ärger
Nur Wickelgamaschen und Königsberger,
Auch Danziger Klops. – Eins, zwei, drei – hops! –
Ein seltsamer Mops war Bobs Wauwau. –
Eins, zwei, drei – hops! – au! au!

Joachim Ringelnatz

Passt ein Dackel zu mir?

Wenn man an die vielen übergewichtigen Dackel mit ihrem wurstförmigen, langen Körper und ihren kurzen Beinchen denkt, vergisst man schnell die eigentliche, ursprüngliche Bestimmung dieser Hunderasse. Der Dackel – auch Teckel oder Dachshund genannt – ist ein Jagdhund par excellence. Der lange Körper, die kurzen Beinchen – die Gestalt des Dackels mag drollig aussehen, ist aber bei einem Einsatz im jagdlichen Bereich von großem Nutzen. Die Rasse wurde vor allem zur Dachsjagd gezüchtet, deswegen Dachshund. Sein selbstbewusstes Wesen tut das Übrige: Ist der Dackel erst mal in den Dachsbau geschossen, so braucht er Mut und eine gewisse Eigenständigkeit, eine Strategie, um die an ihn gestellten Erwartungen zu erfüllen. Die Aufgabe des Dackels besteht nämlich nicht im Erlegen des Tieres, sondern darin, es vor die Flinte des Jägers zu treiben. Hierbei kann ihm keiner zu Hilfe kommen. Das heißt keineswegs, dass es sich bei den Vertretern dieser Rasse um blutrünstige Killer handelt und sie somit als Familienhund ungeeignet sind. Der Dackel ist zwar mutig und trifft gern eigenständige Entscheidungen – was häufig als Sturheit missverstanden wird. Doch wer sich bewusst mit diesen Wesensmerkmalen auseinandersetzt, wird dennoch einen kinderlieben Familienhund oder auch einen treuen Begleiter für ältere Menschen in ihm finden.

Sind Sie fasziniert von den kleinen Hunden auf kurzen Beinen und wünschen sich genau einen solchen an Ihrer Seite? Haben Sie sich nur in sein Aussehen verliebt oder bereits intensiv mit seinem Charakter beschäftigt? Passt der kleine eigensinnige Kerl auch wirklich in Ihr Leben? Allein aufgrund seines Aussehens, vor allem des verschmitzten Gesichtsausdrucks dieses Charmebolzens, eine Entscheidung für ein Dackelleben zu treffen, wäre gewagt. Mit einem

Dackel hat man glücklicherweise einen Hund an seiner Seite, der mit zehn Jahren noch nicht zum alten Eisen zählt.

Aber zu wem passt ein Dackel? Findet er vielleicht doch nur an der Seite des Jägers seine Erfüllung, wenn er mutig Fuchs oder Dachs aus ihren Bauten sprengt und vor seine Flinte jagt? Wäre womöglich auch Bodo glücklicher, wenn er mit fliegenden Ohren und johlendem Spurlaut sämtliche Fährten im Wald verfolgen dürfte? Ich kann Sie beruhigen: Auch wenn der eine oder andere Vertreter der Spezies Dackel durchaus am besten in Jägerhänden aufgehoben ist, genießt die überwiegende Mehrheit unserer Dackel ihr Leben als reiner Familienhund an der Seite ihrer Menschen.

Allerdings stellen sie diverse Ansprüche an ihre Besitzer, die man tunlichst erfüllen sollte. Voraussetzung für ein stressfreies Miteinander ist in jedem Fall eine gründliche, fachkundige Erziehung. Hunde sind intelligente und komplexe Lebewesen. Jede Rasse und jedes Individuum zeichnet sich durch ganz unterschiedliche Charaktermerkmale aus. Der Dackel, so viel lässt sich pauschal sicher sagen, gehört nicht zu den einfachsten Vertretern seiner Spezies. Vor allem der dieser Rasse eigene stark ausgeprägte Wille macht es einem oft nicht leicht. So ein kleiner Dackelwelpe hat ein großes Repertoire an Einfällen, die dem Witzbold große Freude bereiten, seinen Besitzer aber zeitweilig verzweifeln lassen. Es gilt, geduldig zu sein und konsequent, dann bleiben die Schwierigkeiten im Zusammenleben nur kurze Episoden.

Es ist also definitiv notwendig, dass Sie die Eigenständigkeit des Dackels in einem gesunden Maß tolerieren können. Er sollte außerdem die Möglichkeit haben, seinem von Natur aus großen Bewegungsdrang ausreichend nachzukommen. Als Alternative zur Jagd braucht es ein gewisses Maß an mentaler Auslastung, also Kopfarbeit. Wissen Sie, dass man unseren kleinen Dackeln den Hang zum Größenwahn nachsagt? Ein weiteres Resultat seiner Arbeit an der Seite des Jägers. Welcher Hund dieser Größenordnung vergreift sich sonst an einem kräftemäßig überlegenen Raubtier? Die kleinen Kerle lassen sich nur sehr ungern davon abhalten, es mit jedem noch so gewaltigen, vermeintlichen Gegner aufzunehmen. Es ist nun Ihre Aufgabe, ihn davon zu überzeugen, dass sich ein Zweikampf nicht lohnt. Keine Angst, ein gut sozialisierter und erzogener Dackel weiß sich durch Ihre Führung zu benehmen und repräsentiert seine Rasse auf wünschenswerte Art und Weise.

Bodo beispielsweise würde nie einen Streit vom Zaun brechen. Wenn ihm ein kleiner Raufbold in die Quere kommt, versucht er es zunächst stets auf friedlichem Weg. Trotzdem: Besitzen Sie die Fähigkeit, Ihrem Dackel gegenüber auch Stärke und Überlegenheit zu demonstrieren, damit er Sie als »Familienoberhaupt« akzeptiert? Haben Sie die nötige Geduld und Souveränität, gepaart mit Durchsetzungsvermögen und auch Fantasie, einen manchmal eigensinnigen Hund davon zu überzeugen, dass Ihre Entscheidung die richtige ist?

Kommen Sie mit einer großen Leidenschaft der Dackel klar – dem Buddeln? Auch das hängt natürlich unmittelbar mit seiner Vergangenheit als Jagdhund zusammen. Sind Sie gewillt, den Dackel komplett in Ihr Leben zu integrieren? Ohne den engen Kontakt zu seinen Menschen wird der kleine Wicht nicht glücklich sein.

Wenn Sie alle Fragen mit Ja beantwortet haben, können Sie sich auf einen kleinen Hund mit einem großen Herzen freuen, in dem vor allem Sie und Ihre Familie wohnen. Ein Clown auf vier Pfoten, der Sie immer wieder zum Lachen bringen wird. Seinem Charme werden Sie unzählige Male erliegen, der berühmte Dackelblick lässt Sie viele Missetaten verzeihen. Wenn es Ihnen nicht gut geht, entpuppt er sich als liebevoller Seelentröster. Sportlich Ambitionierte haben von nun an einen mindestens ebenso sportlichen vierbeinigen Begleiter. Einsame Spaziergänge gestalten sich ab sofort um ein Vielfaches unterhaltsamer. Und so mancher Dackel besitzt sogar die Fähigkeiten eines erfolgreichen Partnervermittlers …

Bedenken Sie bei der Aufzählung der »rassetypischen Eigenschaften« eines: Vieles bekommt Ihr Dackel mit in die Wiege gelegt. Wie er sich entwickelt, liegt auch in Ihrer Hand. Immer noch überzeugt, dass ein Dackel Bestandteil Ihres Lebens werden soll? Wenn man mich fragt, haben Sie genau die richtige Entscheidung getroffen. Es werden vielleicht Tage kommen, da Sie diese bereuen werden. Das gehört dazu. Vergessen Sie nur nicht, warum Sie sich so und nicht anders entschieden haben. Der Dackel ist mehr als nur ein Haustier ohne Mitspracherecht, der Dackel ist Passion und außerdem in manchen Fällen – siehe Tante Marie – der eigentliche Herr in Ihrem Haus.

Kritische Überlegungen vor der Anschaffung eines Dackels

Die ersten Fragen, die sich im Vorfeld der Entscheidung stellen, können nur Sie selbst beantworten. Sind Sie sich im Klaren darüber, dass dieser kleine Kerl Ihr gesamtes Leben verändern wird? Wollen Sie auch wirklich für die Dauer von etwa fünfzehn Jahren Verantwortung für ein sensibles Lebewesen übernehmen? Verfügen Sie über ausreichend Zeit für einen anspruchsvollen vierbeinigen Hausgenossen? Und nicht zuletzt: Sind Sie Mieter? Dann sollten Sie die Anschaffung eines Hundes auf jeden Fall mit Ihrem Vermieter abklären. Lassen Sie sich die Erlaubnis schriftlich geben.

Hunde sind »Rudeltiere«. Das Rudel sind in dem Fall Sie und Ihre Familie. Zwar gehört es zur Erziehung des Hundes, ihn stundenweise ans Alleinbleiben zu gewöhnen, doch vergessen Sie nie, dass Hunde hierfür nicht geschaffen sind. Einen Dackel tagtäglich mehr als vier Stunden sich selbst zu überlassen, halte ich ihm gegenüber für unfair. Daher sollten auch ganztags Berufstätige von der Anschaffung eines Hundes absehen, es sei denn, Sie können Ihren Dackel an Ihren Arbeitsplatz mitnehmen. Ein Hund braucht für seine normale Entwicklung die Bindung zum Menschen und möglichst viele soziale Kontakte auch zu Gleichartigen. Eine Zwingerhaltung ist somit komplett abzulehnen.

Sind Sie ein Mensch, der sich gerne lange im Freien aufhält? Dackel sind keine Stubenhocker, sondern lieben lange Spaziergänge. Wer meint, ein kleiner Hund benötige weniger Auslauf als ein großer, liegt beim Dackel sicher falsch.

Haben Sie die Möglichkeit, mit Ihrem Hund auf schnellstem Weg »ins Grüne« zu gelangen? Vor allem mit einem kleinen Welpen muss man anfangs, zwecks Training der Stuben-

reinheit, sehr häufig nach draußen. Von Katzenklos für Hunde halte ich persönlich überhaupt nichts. Wohnen Sie im vierten Stock eines Mietshauses ohne Aufzug, kann dies für Sie sehr beschwerlich werden, denn ein Dackel sollte möglichst wenige Treppen steigen. Im Welpenalter schadet vor allem das Abwärtslaufen seinen Gelenken. Beim erwachsenen Hund können, aufgrund des überproportional langen Rückens, die Bandscheiben in Mitleidenschaft gezogen werden. Für Sie heißt das: Tragen Sie Ihren neuen Gefährten mit Rücksicht auf seine Gesundheit.

Haben Sie sich gut überlegt, was es bedeutet, einen jungen Hund im Haus zu haben? Kleine Dackel haben schnell Langeweile. Ihre Fantasie ist schier grenzenlos, wenn es darum geht, die Wohnung nach ihren Gesichtspunkten umzugestalten. Die Erziehung fordert Zeit und oftmals ein erhebliches Maß an Geduld. Kalkulieren Sie Zeit und Kosten für den Besuch einer Hundeschule ein. Und da wir schon mal bei den Kosten sind – im Laufe eines Hundelebens kommt da einiges zusammen. Es geht bei den Anschaffungskosten los, es folgen Futter und Tierarzt, die unvermeidliche Haftpflichtversicherung und die Hundesteuer.

Auch im Urlaub freut sich Ihr Dackel, dabei zu sein. Wenn das, aus welchen Gründen auch immer, absolut nicht möglich ist, bringen Sie Ihren Hund bei einer Vertrauensperson unter. Die beiden sollten einander kennen und mögen. Für den Fall, dass eine solche Person nicht zur Verfügung steht, gibt es Hundepensionen. Seien Sie kritisch in der Auswahl der richtigen Pension, schauen Sie genau hin. Erfahrungsberichte anderer Hundebesitzer sind hier hilfreich. Haben Sie eine gute Adresse ausfindig gemacht, können Sie Ihren Vierbeiner unbesorgt zurücklassen. Die Hunde, die bei uns Urlaub machen, genießen vollen Familienanschluss und haben viel Spaß im ständigen Kontakt zu ihren vierbeinigen Freunden. Das hilft natürlich bei der Überwindung des Trennungsschmerzes.

So auch im Falle Lumpi. Tränenreich wird er von seinen Besitzern verabschiedet: Wird er es ganze vierzehn Tage ohne sie aushalten? Lumpi ist etwas verdattert, denn ich beachte ihn nicht besonders. Ich überzeuge mich davon, dass er auf mein Rufen zuverlässig zu mir kommt (nach dem Motto »mit Speck fängt man Mäuse«) und begebe mich mit ihm auf unseren großen, sicher eingezäunten Hundeplatz. Hier darf Lumpi ohne Leine in einer bestimmten Reihenfolge nach und nach die anderen Hunde des Rudels kennenlernen. Chefin Kahlua macht ihm klar, wer hier das Sagen hat. Lumpi, zuerst große Klappe, da verwöhntes Dackeleinzelkind, versteht sie offenbar trotzdem ganz genau. Er macht einen Bogen um Kahlua und tollt nach kurzer Zeit mit Bodo über die Wiese. Nach ausgiebigem Spiel geht's ins Haus, der kleine Kerl ist integriert und weiß sich zu benehmen. Die größte Sorge seiner Besitzer gilt der Ernährung: Würde er sein Futter vor lauter Trennungsschmerz überhaupt anrühren? Er isst es mit Heißhunger. Als die Besitzer dann nach vierzehn Tagen wieder vor unserer Tür stehen, ist die Überraschung groß: Sie haben erwartet, ein todtrauriges Tier in Empfang nehmen zu müssen. Lumpi aber liegt gerade mit seiner neuen Dackelfreundin Zoulo in der Sonne und lässt sich nur mühsam dazu bewegen, diesen Platz zu verlassen. Ich sehe Enttäuschung auf den Gesichtern seiner Menschen. Aber so sind sie, unsere Dackel. Nach kurzer Zeit weiß auch Lumpi wieder, wo er zu Hause ist. Und seinen Besitzern

demonstriert er durch sein Verhalten, wie gut es ihm bei uns gefallen hat.

Für einen älteren oder sehr sensiblen Hund bedeutet eine ungewohnte Trennung allerdings sehr viel mehr Stress. Hier sollte man von der Unterbringung in einer »normalen« Hundepension absehen. Lässt sich eine Trennung nicht vermeiden, achten Sie darauf, dass Ihr Dackel diese Zeit bei Menschen verbringt, die auf seine Belange individuell eingehen können. Während ich diese Zeilen schreibe, räkelt sich unser über vierzehnjähriger Gast, Labrador-Mischlings-Hündin »Lolle«, neben mir auf ihrem weichen Kissen und genießt die für sie notwendige Ruhe, während die anderen im Garten toben.

Sind Sie berufstätig und an manchen Tagen sehr lange außer Haus, dann ist dies zwar prinzipiell ein Argument gegen die Anschaffung eines Hundes. Inzwischen wird einem aber auch in einem solchen Fall geholfen. Sogenannte Hundetagesstätten bieten die Möglichkeit, Ihren vierbeinigen Liebling stundenweise gut unterzubringen. Allerdings ist auch hier darauf zu achten, dass die Zusammensetzung der Hundegruppen von den Zuständigen mit Bedacht ausgewählt wird. Erwachsene Hunde haben in der Regel keinen Spaß daran, sich immer wieder mit neuen Kumpels auseinandersetzen zu müssen – auch wenn wir Menschen häufig meinen, ihnen damit einen Gefallen zu erweisen.

So oder so: Tagesstätte oder Hundepension sollten grundsätzlich die Ausnahme sein, nicht die Regel. Gestehen Sie sich ein, nicht genügend Zeit für einen Hund zu haben? Dann entscheiden Sie sich bitte – zum Wohle des Hundes – auch gegen die Anschaffung eines solchen. Tierheimhunde freuen sich über Spaziergänge, die Sie mit diesen unternehmen, viele andere Hundebesitzer sind auf der Suche nach vertrauenswürdigen Personen, die sich stundenweise um ihren Liebling kümmern können. Je nach Lebensumständen ist diese Möglichkeit eines »Dackels auf Zeit« vielleicht die bessere Wahl.

Bitte verzeihen Sie meine kritischen Worte, aber es gibt sie leider, die Dackel, die unüberlegt angeschafft wurden und nun ein klägliches Leben fristen.

Noch ein Wort zum Thema Allergien: Sind Tierhaar-Allergien in Ihrer Familie bekannt, prüfen Sie, ob auch Sie dazu neigen! Tierhaar-Allergiker müssen nicht auf einen vierbeinigen Hausgenossen verzichten, sollten sich aber nicht für einen Dackel entscheiden. Pudel & Co haben kein Fell im herkömmlichen Sinn und wären deshalb eine denkbare Alternative.

2.
Qual der Wahl

Woher nehmen – ein Hund vom Züchter oder aus zweiter Hand?

Sie haben sich für einen Dackel entschieden und fragen sich jetzt, wo man einen solchen am besten erwirbt? Wahrscheinlich wollen Sie sich am liebsten einen kleinen Welpen ins Haus holen, den man aufzieht und beim Erwachsenwerden begleiten kann. In diesem Fall sollten Sie einen seriösen Züchter aufsuchen. Diesen finden Sie über die Welpenvermittlungsstelle eines der FCI (Fédération Cynologique Internationale) angeschlossenen Zuchtvereins. Diese Zuchtverbände (in Deutschland ist dies der VDH, der Verband für das Deutsche Hundewesen) und deren Züchter unterliegen strengen Kontrollen. Man kann davon ausgehen, dass hier nur mit gesunden Tieren mit einwandfreiem Wesen gezüchtet wird. So können Sie einigermaßen sichergehen, einen psychisch und physisch gesunden Welpen zu erwerben, der artgerecht, mit viel Liebe und Sachverstand, aufgezogen wurde. Die Adresse dieser Zuchtverbände beziehungsweise deren Welpenvermittlungsstellen sowie Angaben über gefallene und zu erwartende Würfe finden Sie im Internet. Verschaffen Sie sich dort zunächst einen Überblick und nehmen Sie dann direkt Kontakt zum Züchter auf. Dem entgegen stehen die unüberschaubar zahlreichen Anzeigen auf den Tiermarktseiten im Internet. Dort sind leider auch immer wieder unseriöse Angebote im Umlauf. Seien Sie achtsam, lassen Sie sich nicht durch »günstige Angebote« locken. Bei der Anschaffung eines Haustiers, also eines neuen Familienmitglieds, sollte Sparsamkeit nicht die erste Prämisse sein. Die niedrigen Preise mancher Anbieter erklären sich oft durch schlechte Aufzucht der Welpen. Die möglicherweise bald schon anfallenden Tierarztkosten lassen das vermeintliche Schnäppchen sehr schnell in einem anderen Licht dastehen. Prägungsdefizite können Ihnen Sorgen bis ans Lebensende Ihres geliebten Vierbeiners bereiten.

Leider gibt es auch in Deutschland immer noch sogenannte »Massenzuchten«. Die Hundemütter werden meist unter nicht artgerechten Umständen als reine Gebärmaschinen gehalten. Die Welpen erhalten keine menschliche Zuwendung und sammeln in der wichtigsten Zeit ihrer Prägung keine wertvollen Erfahrungen. Diese Hunde können sich weder seelisch noch körperlich gut entwickeln. Wegen der teilweise recht ansprechenden Internetseiten ist dies für Interessenten oft nicht auf den ersten Blick ersichtlich.

Züchter, die sich nicht nur auf eine oder zwei Rassen beschränken, sondern eine größere Vielfalt anbieten, sollten Sie kritisch betrachten. Seien Sie auch skeptisch, wenn Sie nur einen Welpen angeboten bekommen, ohne dessen Mutter kennenzulernen oder Aufschluss über seine ersten Lebenswochen zu erhalten. Von einem Züchter, bei dem die Hunde nicht nachweislich »mit Familienanschluss« aufwachsen, der womöglich noch den Eindruck erweckt, der Welpenverkauf würde »seinem Broterwerb dienen«, würde ich keinen Welpen übernehmen. Ein seriöser Züchter nimmt sich Zeit für Sie und befragt Sie ausgiebig, denn auch er sorgt sich, wie es seinen Welpen in Zukunft ergehen wird. Er gibt bereitwillig Auskunft, berät Sie in allen »Dackelfragen«, zeigt Ihnen die Mutterhündin, gegebenenfalls auch den Rüden. Die Welpen haben die Möglichkeit, am Tagesgeschehen teilzunehmen und leben nicht nur isoliert in einem Zwinger. Ein seriöser Züchter lebt mit seinen Dackeln und nicht von diesen.

Welpe oder älterer Dackel vom Züchter?

Ab und zu kann man vom Züchter einen etwas älteren Hund erwerben. Vielleicht eine gute Gelegenheit, wenn Sie nicht den allergrößten Wert darauf legen, auch an den ersten Lebensmonaten Ihres neuen Familienmitglieds teilzunehmen. Manchmal handelt es sich um einen Dackel, der sein Zuhause verloren hat und zum Züchter zurückkehrt. Häufig behält dieser aber auch ein oder zwei Welpen bis ins Erwachsenenalter. So kann er beobachten, welcher der beiden sich besser entwickelt und das Potenzial eines Zuchtdackels mitbringt. Hat er sich für einen der beiden entschieden, sucht er für den anderen ein liebevolles Zuhause. Die sogenannten »zuchtausschließenden Mängel« sind für die größte Zahl privater Hundefreunde weder störend noch nachteilig. Es kann sich beispielsweise um ein fehlendes Zähnchen handeln. Das hält den kleinen Racker natürlich nicht davon ab, der beste Familiendackel der Welt zu werden. Bei den etwas älteren Dackeln kommt Ihnen die Vorleistung des Züchters oder ehemaligen Besitzers zugute: Möglicherweise zieht ein bereits gut sozialisierter und bestenfalls sogar gut erzogener Hund bei Ihnen ein. Viele Mühen der Welpen- und Junghundezeit bleiben einem in einem solchen Fall erspart.

Ein Familiendackel aus einer jagdlichen Linie?

Verschiedene Züchter legen in der Regel unterschiedliche Schwerpunkte in ihrer Zuchtlinie. Der eine fördert die jagdlichen Eigenschaften seiner Hunde, die Elterntiere haben jagdliche Prüfungen absolviert. Der andere lässt diesen Aspekt außer Acht und legt Wert auf ein korrektes Äußeres. Man spricht von einer Schönheitszucht. Verliert der Züchter dabei das gute Wesen, die Gesundheit und Leistungsbereitschaft seiner Dackel nicht aus den Augen, empfiehlt es sich, einen Familiendackel aus dieser Linie zu erwerben. Hervorragende jagdliche Eigenschaften eines Hundes stellen den normalen Besitzer im Alltag eher vor Probleme.

Eine wirkliche Empfehlung ist allerdings schwer. Gerade Züchter mit jagdlich geprüften Elterntieren legen ihr Hauptaugenmerk vielleicht auf gewichtigere Fakten als das äußere Idealbild ihrer Hunde. Und natürlich gibt es auch in solchen Würfen jagdlich weniger ambitionierte Hunde. Ebenso kann man sich aus einer Schönheitszucht kleine Jäger par excellence ins Haus holen. Dackel bleibt eben Dackel. Berät ein Züchter gut, sieht er in jeder der beiden Linien, welcher seiner Welpen besonders jagdambitioniert ist, und gibt diesen nicht in unerfahrene Familienhände.

Dackel aus »zweiter Hand«?

Aus welchen Beweggründen auch immer Sie überlegen, einem Dackel aus zweiter Hand zu einem neuen Zuhause zu verhelfen – es sei Ihnen auf jeden Fall schon einmal gedankt! Nur durch Menschen wie Sie bekommen diese meist völlig unverschuldet in Not geratenen kleinen Hunde eine zweite Chance. Sie haben ihr Zuhause aus den verschiedensten Gründen verloren. Man kann keineswegs pauschal davon ausgehen, dass es sich um einen traumatisierten Hund handelt. Leider gibt es sie aber nach wie vor – Dackel, die keine gute Vergangenheit hatten, die negative Erfahrungen mit Menschen gemacht und keine oder die falsche Erziehung

genossen haben. Ohne Erfahrung im Umgang mit Hunden sollte man sich gut überlegen, ob man dieser Aufgabe gewachsen ist. Denn auch mithilfe kompetenter Hundetrainer oder einem Verhaltenstherapeuten für Hunde kann sich das Zusammenleben mit diesen armen Geschöpfen als sehr schwierig erweisen. Mit etwas Know-how, viel Geduld und dem richtigen Quäntchen Liebe geben einem diese Hunde dann aber auf jeden Fall um ein Vielfaches zurück, was man an Mühe investiert hat.

Auf der anderen Seite gibt es durchaus Dackel ohne seelischen Schaden, die ihr Zuhause verloren haben. Die Vorteile, die es hat, einen solchen Hund aufzunehmen, habe ich bereits erwähnt. Die Gewöhnung an die neue Familie funktioniert in der Regel schneller, als man annehmen mag. Ich spreche aus Erfahrung, denn in meinem Rudel gibt es immer mindestens einen Hund, der bei uns einzieht, bis ein neues Zuhause für ihn gefunden ist.

Vor einigen Monaten begrüßten wir »Flumy« auf dem Hof – eine große zottige Mischlingshündin aus Rumänien. Ihrem Namen macht sie alle Ehre. In den ersten Tagen befand sich Flumy, auf und ab springend wie besagte Gummibälle, mehr über als neben mir. Dass sie mit ihrem Überschwang so manche Unsicherheit zu kaschieren versuchte, war mir schnell klar. Andererseits hatte sich im Tierheimzwinger eben auch viel überschüssige Energie angesammelt. Die Integration ins Rudel gestaltete sich etwas schwieriger, da Flumy Hunden gegenüber ein Verhalten zeigte, mit dem sie ziemlich aneckte. Wie immer war Kahlua diejenige, die klare Ansagen machte. Bis heute startet Flumy allerdings hin und wieder einen Versuch, ihr den Rang streitig zu machen. Doch Kahlua, souverän wie eh und je, lässt sich nicht die Butter vom Brot nehmen. Sehr schnell fühlte sich Flumy zu Hause, und es hatte den Anschein, als ob sie schon immer in unserer Familie leben würde. Lernen musste Flumy einiges bei mir, denn sie hatte offensichtlich schlechte Erfahrungen zu verarbeiten. Wenn jemand heute diese Traumhündin sieht, würde er das nicht glauben. Nun ist Flumy bereit, in eine neue Familie umzuziehen. Auch wenn es mir wieder einmal das Herz bricht, weiß ich, dass sie sich, wie all die anderen vor ihr, dort schnell eingewöhnen wird und endlich, hoffentlich bis zu ihrem Lebensende, bleiben darf. Bei uns wird auf diese Weise ein Platz frei für ein neues »Sorgenkind«.

Einen Dackel, der ein neues Zuhause sucht, findet man zum Beispiel im Internet auf der Webseite »Teckel in Not«, aber auch in privaten Anzeigen der verschiedensten Medien. Tierschutzvereine bieten ihre Hunde ebenfalls auf diesen Plattformen an, und ab und zu gibt es auch einen Dackel, der einen beim Besuch eines Tierheims aus traurigen Augen anblickt. Lassen Sie sich von den Zuständigen ausführlich über dessen Charakter und Vorgeschichte aufklären, unternehmen Sie einen oder mehrere Spaziergänge mit ihm. Und: Überlegen Sie gut, ob der Dackel wirklich zu Ihnen und Ihrer Lebenssituation passt. Hunde sind keine Wegwerfartikel. Seien Sie sich im Klaren darüber, dass aller Anfang schwer ist, Sie dadurch aber umso enger mit ihrem vierbeinigen Freund zusammenwachsen! Nach geraumer Zeit des Zusammenlebens festzustellen, dass es die falsche Entscheidung war, hätte allerdings fatale Folgen für den kleinen Kerl.

Welcher Dackel darf's denn sein? Haartyp, Farbschlag, Größe

Das Wichtigste gleich vorweg: Dackel ist nicht gleich Dackel. Erinnern wir uns noch einmal an Wackel und Wastl. Der eine verwöhnt und träge, störrisch, ein richtiger Grantler, der andere munter, freundlich und aufgeweckt. Und nicht zu vernachlässigen: Der eine fast aristokratisch langhaarig, der andere pflegeleicht mit kurzem Fell. Sicher haben Sie bestimmte Wünsche und Vorstellungen, wie Ihr Hund, das neue Familienmitglied, aussehen soll. Beim Dackel beginnt an diesem Punkt die Qual der Wahl. Bis zu einem gewissen Grad kann das äußere Erscheinungsbild auch mit bestimmten Charaktereigenschaften einhergehen, die natürlich wieder von Individuum zu Individuum variieren.

Haartyp

Die Urform des Dackels ist der Kurzhaardackel. Rauhaar- und Langhaardackel (Abbildungen unten von links nach rechts) entstanden durch die Einkreuzung anderer Hunderassen, welche neben äußeren Merkmalen auch ihre Charaktereigenschaften mit einbrachten.

Wer von vornherein zum Rauhaardackel tendiert, sollte kein Problem damit haben, sich ein lebhaftes, aufgewecktes Tier ins Haus zu holen, das seinen Besitzer mit seinem Jagdeifer auf Trab halten wird. Der Rauhaardackel trägt am meisten »Terrierblut« in sich. Diese robusten Gesellen haben, soweit es das äußere Erscheinungsbild angeht, wenig gemeinsam mit ihren etwas hochnäsigen, aber durchaus sensiblen Artgenossen: Dem Kurzhaardackel ist die Persönlichkeit schon am fein geschnittenen, ausdrucksstarken Kopf anzusehen.

Der Langhaardackel war lange Zeit der beliebteste Abkömmling des ursprünglichen Teckels, ist aber heute nur noch selten an der Seite eines Jägers zu finden. Man sagt ihm nach, dass man in ihm in der Regel einen besonders anhänglichen Hausgenossen findet. Was nicht ausschließt, dass sich auch dieser als jagdlich sehr ambitioniertes Kerlchen entpuppen kann.

Natürlich reichen ein paar Worte kaum, um den Charakter eines Dackels wirklich zu ergründen. Die Übergänge der speziellen Charaktereigenschaften von Haarart zu Haarart sind fließend. Eine oberflächliche Beschreibung wie diese sollte niemals als alleinige Grundlage einer Entscheidung herangezogen werden.

Also schauen wir uns die einzelnen Dackelvarianten doch etwas genauer an. Beginnen wir mit der ursprünglichen Dackelrasse, dem *Kurzhaardackel* (Abbildungen links, Seite 49 links und Seite 53 oben). Der Kurzhaardackel gilt gemeinhin als »pflegeleichtester« Dackel. Auch wenn seine Haare insbesondere zu »Fellwechselzeiten« – sprich, zweimal pro Jahr – sehr hartnäckig an Kleidung und Möbeln haften, verliert er doch bei Weitem nicht die Menge an Haaren wie der Rau- und vor allem der Langhaardackel. Dank seines kurzen Fells transportiert der Kurzhaardackel nach dem Spaziergang deutlich weniger Schmutz in unsere Wohnung. Empfindliche Menschennasen bemerken an ihm, vor allem bei feuchtem Wetter, weniger »hundetypischen Geruch« als bei den längerhaarigen Varianten.

Was Ausstrahlung und Ästhetik angeht, können sich die Kurzhaardackel durchaus sehen lassen: Aristokratische Köpfe, das unverdeckte Mienenspiel mitsamt den großen, glänzenden Augen, Sehnen und Muskulatur gut sichtbar unter gesundem, glänzenden Fell. Ein gepflegter Kurzhaardackel ist ein echter Hingucker. Wenn ich mit meinen drei roten Kurzhaardackeln unterwegs bin, erregen wir eigentlich immer Aufsehen: Bodo, sofort als »Hahn im Korb« erkennbar durch seinen kräftigeren Körperbau und seinen maskulinen Kopf, begleitet von seinen zwei Grazien mit den

eleganteren Köpfchen und femininem Körper. Kurzhaardackel-Hündinnen ziehen nicht nur die Blicke der Dackelmachos magisch an.

Bei nassem oder kaltem Wetter hat man mit einem Rauhaardackel auf jeden Fall einen robusteren Gefährten an seiner Seite. Um sich warm zu halten, schalten meine drei, aufgrund fehlendem langen Haarkleid und dichter Unterwolle, den »Zittermodus« ein. Der Rauhaardackel einer Freundin quittiert dieses Verhalten nur mit mitleidigen Blicken. Solange unsere Dackel in Bewegung sind, unterscheiden sie sich wenig – kommen sie zur Ruhe, bietet das kurze Fell nur wenig Schutz gegen Nässe und Kälte.

Die Jäger fanden im Kurzhaardackel vor vielen Jahren zwar einen passionierten und begeisterten Gefährten, doch erwies er sich eben leider nicht als ausreichend wetterfest. Durch Einkreuzung von Hunderassen, die längeres, drahtigeres Fell mit mehr Unterwolle haben, entstand der *Rauhaardackel* (Abbildungen oben Mitte, Seite 51 und 52 unten). Genau lässt sich nicht mehr nachvollziehen, welche Hunderassen mitgemischt haben, auf jeden Fall waren es neben verschiedenen Terrierarten auch Pinscher und Schnauzer. Leider vererbten sich dadurch nicht nur die erwünschten Eigenschaften weiter. Vom »Dandie Dinmont Terrier« erwartete man sich zum Beispiel, dass er seine Eigenschaften als erfahrener Jäger auf Marder, Otter, Fuchs und Dachs mit einbringt. Auch versprach man sich viel von seinem dem Besitzer sehr zugewandten, aber Fremden gegenüber misstrauischen Wesen. Was dieser Terrier aber tatsächlich vor allem weiter vererbte, war sein weiches Fell – alles andere als erwünscht, aber heute noch häufig in der Rauhaardackel-Zucht zu beobachten.

Lustige Kerlchen sind die rauhaarigen Dackel auf kurzen Beinen auf jeden Fall. Sie haben Schneid (man denke an das eingekreuzte Terrierblut) und in der Regel eine gehörige Jagdpassion. Wer damit umzugehen weiß und ihnen nicht nur lange Spaziergänge, sondern auch alternative Beschäftigung zum womöglich fehlenden Jagdeinsatz bieten kann, der wird mit diesen Temperamentsbolzen durchaus glücklich. Nur wenn dies gegeben ist, halte ich den Rauhaardackel für den geeigneten Begleiter des dem geläufigen Klischee entsprechenden Münchner Großstadtmenschen.

»In Mode« war lange Zeit der *Langhaardackel* (Abbildungen oben rechts und Seite 52 oben). Im Grunde Jagdhund, wie alle Dackel, mutierte der schöne Langhaardackel in vielen Fällen zum Schoßhund. Und doch ist er an der Seite des Jägers nicht komplett verschwunden. Das feine, lange Haar ist natürlich pflegeintensiver als das der anderen beiden Haarvarianten. Dafür ist dieser elegante Hund etwas für den Geschmack der Liebhaber langhaariger Hunderassen. Nicht selten muss ich mir von diesen sagen lassen, dass meine »nackten Dackel« so gar nicht ihr Bedürfnis nach einem »Hund zum Kuscheln« erfüllen.

Farbschlag

Wenn Sie sich erst einmal für eine Haarart entschieden haben, steht das Aussehen Ihres Dackels noch lange nicht fest. In letzter Zeit hat sich die Variationsbreite an Farbschlägen noch einmal vergrößert. In der Vergangenheit gab es Kurz- und Langhaardackel schon in den verschiedensten Gelb- bis Rottönen. Noch weiter verbreitet waren sie jedoch in der Farbe Schwarz mit rotem Brand. Beim »Brand« handelt es sich um rostbraune oder gelbe Abzeichen über den Augen, an den Seiten des Fanges (Maul), am inneren Rand der Behänge (Ohren), an Brust und den Innen- und Hinterseiten der Läufe (Beine), an den Pfoten, um den Anus und von dort bis etwa zur Hälfte der Unterseite der Rute (Abbildungen Seite 49 links, Seite 51 unten und Seite 52/53 unten).

Stellt man sich einen Rauhaardackel vor, dann wohl in der weit verbreiteten »saufarbenen Variante« (abgeleitet von der Farbe einer Wildsau, Abbildung 51 unten). Nicht so häufig zu Gesicht bekam man die schwarzen Rauhaardackel mit Brand (Abbildung Seite 46 Mitte und Seite 52 unten). Bei den selteneren »dürrlaubfarbenen« Hunden darf man durchaus an dürres Laub denken – die Varianten reichen von beige bis hellbraun, oft haben diese Hunde einen hellbraunen Nasenspiegel (Abbildung Seite 51 rechts). Inzwischen ist unsere Dackelwelt deutlich bunter geworden, und in der Zucht werden neue Farben akzeptiert.

Immer häufiger begegnet man auf unseren Straßen den »Tigern« unter den Dackeln. Diese Bezeichnung ist irreführend, denn weder handelt es sich hier um besonders mutige Exemplare, noch haben diese Hunde die Fellzeichnung eines Tigers. Das Fell dieser Vierbeiner ist lustig gefleckt, entweder mit der Grundfarbe Schwarz (Schwarztiger, Abbildung Seite 49 links und rechts) oder Braun (Brauntiger, Abbildung unten). Erwünscht sind unregelmäßige graue und auch beige Flecken (nicht erwünscht sind große »Platten«). Weder die helle noch die dunkle Farbe soll überwiegen. Redet man von einem »brindlefarbenen« Dackel, so handelt es sich um einen gelben bis roten Hund mit unregelmäßiger schwarzer Stromung. Wieder häufiger zu sehen sind die schönen »schokoladenfarbenen« Dackel (Abbildung Seite 49 Mitte) mit ihrem hellen »Brand« und den oft, in diesem Fall nicht unerwünschten, bernsteinfarbenen Augen.

Neue Trends aus den USA machen auch vor dem Dackel nicht halt. So gibt es vermehrt Hunde aus »amerikanischen Blutlinien«, welche durch Farben auffallen, die den Urtypus unseres Dackels fast vergessen lassen. Einem konservativen Dackelliebhaber wird es schwerfallen, sich mit den »modernen« Farben der manchmal komplett »bunten Hunde« anzufreunden. Weiße Abzeichen – bis dato unerwünscht – erfreuen sich bei den Züchtern amerikanischer Blutlinien großer Beliebtheit. Es bleibt umstritten, in welcher Form und Farbe der Typus unseres Dackels erhalten bleiben sollte. Die FCI erkennt diese Farbnuancen bis dato nicht an.

Verschaffen Sie sich anhand der Fotos einen Überblick darüber, aus welchem Farbspektrum Sie bei der Entscheidung für Ihren Dackel wählen dürfen. Was ich in diesem Zusammenhang unbedingt zu bedenken gebe: Treffen Sie Ihre Entscheidung nicht ausschließlich aufgrund des äußeren Erscheinungsbilds. Denn: Ihr Dackel muss charakterlich zu Ihnen und Ihren Lebensumständen passen und nicht zur Wohnungseinrichtung.

Größe

Nicht nur der persönliche Geschmack spielt bei der Entscheidung für die Größe eine Rolle, auch so manche praktische Überlegung sollte einfließen. Warum ich selbst bei den Zwergdackeln gelandet bin, hat zwei ganz pragmatische Gründe: Für meine Arbeit beim Film ist ein Kaninchenteckel rein optisch häufig zu klein. Ein Dackel in Standardgröße müsste bei jeder beruflichen oder auch privaten Flugreise in den Frachtraum verladen werden. Viele Fluggesellschaften akzeptieren für die Mitnahme in der Kabine lediglich Hunde bis zu fünf Kilogramm Körpergewicht. Bei Filmstar Wastl alias Bodo 1 wurde so manches Auge zugedrückt, denn als »übergroßer Zwerg« überschritt er dieses Gewichtslimit. Auf einer meiner Reisen mit dem vierbeinigen Fernsehstar musste ich mich deshalb sogar mit dem Piloten auseinandersetzen. Das Bodenpersonal war der scheinbar endlosen Diskussion mittlerweile müde geworden. Tatsächlich gelang es mir, ihn davon zu überzeugen, dass es Bodo vor einer wichtigen Fernsehsendung nicht zuzumuten war, im Frachtraum zu reisen. So hob die Maschine zwar mit einer aufgrund der Debatten gehörigen Verspätung ab, Bodo kuschelte sich jedoch zufrieden in seine weiche Transporttasche auf dem Sitz neben mir.

Nun aber zu den Fakten: Dackel werden in drei Größen gezüchtet. Unter welche Kategorie unser Dackelwelpe im Erwachsenenalter fallen wird, kann aufgrund der Größe der Elterntiere mit hoher Wahrscheinlichkeit vorausgesagt werden.

Auszuschließen ist es jedoch nicht, dass zum Beispiel bei den Sprösslingen von Zwergdackeleltern der eine oder andere »nur« bis zu den Maßen eines Kaninchendackels heranwächst. Nehmen wir es ganz genau, dann messen wir im Erwachsenenalter den Brustumfang unseres Lieblings, nach diesem erfolgt die Unterteilung in die drei verschiedenen Kategorien: Kaninchendackel dürfen einen Brustumfang bis zu 30 Zentimeter haben, Zwergdackel 30 bis 35 Zentimeter, Dackel mit einem Brustumfang von über 35 Zentimeter und mit einer Gewichtsobergrenze von etwa 9 Kilogramm fallen unter die Kategorie »Standarddackel«.

Nach welchen Richtlinien Züchter ihre Hunde in der Zucht einsetzen, ist von der weltweit größten Organisation in der Hundezucht, der FCI (Fédération Cynologique Internationale), festgelegt. Unter dem im Anhang genannten Link kann man die entsprechenden Rassestandards für den Dachshund genau studieren.

Rüde oder Hündin?

Wenn Sie vor der Entscheidung stehen, einen Rüden oder eine Hündin zu wählen, sind Ihnen mit Sicherheit die gängigen Vorurteile begegnet. Eine Hündin, heißt es, sei von sanfterem Wesen und anhänglicher, während man sich mit seinem Rüden einen kämpferischen Draufgänger oder notorischen Weiberhelden ins Haus holt. Es gibt durchaus Tendenzen und Eigenschaften, die sich auf das Geschlecht des Tiers zurückführen lassen. Aber wie beim Menschen gilt: Die Übergänge sind fließend. Um einen alten Irrglauben handelt es sich, wenn man meint, eine Hündin sei leichter zu erziehen und somit für einen Hundeanfänger besser geeignet. Allein in den Kursen meiner Hundeschule gibt es zahlreiche feminine Beispiele, die das Gegenteil beweisen. Und ebenso viele maskuline Exemplare, die es ihren Besitzern sehr leicht machen. Die Dackelrüden, die sich vom verspielten Welpen zum machtversessenen Macho entwickeln, gibt es sehr wohl. Fast ebenso häufig begegnen einem aber die sanfteren, vorsichtigen, ja sehr verschmusten Geschlechtsgenossen – der Dackelrüde als echter »Warmduscher«. Dass ein männliches Tier Spaß daran findet, seine Kräfte mit Konkurrenten zu messen, schließt nicht aus, dass ein anderer Rüde jeder Form der Auseinandersetzung lieber aus dem Weg geht. Während der eine gierig jedem Dackelmädchen nacheilt, das ihm über den Weg läuft, hat der andere wahrscheinlich noch nicht einmal bemerkt, dass es sich bei dem süßen Geruch, der in der Luft liegt, um den Duft des anderen Geschlechts handelt. Auf den Umgang mit seiner Familie lässt sich das natürlich ebenso gut übertragen: Ein Rüde kann durchaus mal auf Krawall gebürstet sein und sich geradezu genüsslich mit dem Hausherren anlegen. Andere Rüden kämen gar nicht auf die Idee und lecken mehrmals täglich dankbar die Hände der menschlichen Mitbewohner.

Auseinandersetzungen zweier Hündinnen können in manchen Fällen sehr dramatisch verlaufen, und beide zeigen sich in vielen Fällen als unversöhnlich. Eine solche Feindschaft bleibt oft ein Leben lang besiegelt. Das männliche Geschlecht ist so mancher Dackeldame dagegen fast provokant egal. Den größten Teil des Jahres über verhält sie sich den Rüden gegenüber divenhaft und lässt sie, allen verzweifelten Werbungen zum Trotz, links liegen. Das ändert sich während der Läufigkeit. Zweimal im Jahr erweist sich die Dackeldame dem männlichen Geschlecht gegenüber während etwa 21 Tagen als sehr wohlgesonnen. Dann kann es möglicherweise sogar vorkommen, dass sie sich selbst auf die Suche nach einem Partner macht. In der Regel hat die Hündin nur ein sehr geringes Interesse daran, selbstständig ihr trautes Heim zu verlassen. Es sei denn, es handelt sich um ein sehr verfressenes Exemplar, welches in erreichbarer Nähe wahre Leckerbissen erahnt.

Der Rüde hingegen, ist er denn einer dieser notorischen Casanovas, kann sehr innovativ werden, wenn es darum geht, sich den Objekten seiner Begierde zu nähern. Man darf nicht vergessen, dass ihm die verlockenden Düfte der gesamten Damenwelt das ganze Jahr über verfänglich um die feine Nase wehen. Vielleicht sollten Sie also das direkte Umfeld, ihre Nachbarschaft, als Faktor bei ihrer Entscheidungsfindung mit einbeziehen. Wohnen dort zahlreiche potente Jungs? Dann kann das für den Besitzer einer kleinen Dackeldame genau zweimal pro Jahr zum Problem werden. Der gierige bis verzweifelte Pavarotti, den es immer wieder des Nachts vor Ihre Türen treibt, kann sich durchaus zum Stressfaktor entwickeln. Auch der tägliche Spaziergang kann in einem solchen Fall zum Spießrutenlauf werden – es sei denn, man packt die Dame zur Unterbrechung der »Duftfährte« ins Auto und begibt sich, solange sie eben läufig ist, in fremde Territorien. Es ist ebenso wenig ratsam, sich einen Dackelmacho ins Haus zu holen, sollte dieser von nun an ständig von einem in der Nachbarschaft residierenden Harem hübscher und paarungswilliger Mädchen umgeben sein.

Auf unserem Hof leben die Dackel integriert in ein Hunderudel wechselnder Zusammensetzung und verschiedener Geschlechter. Zeitweise gesellt sich dazu der eine oder andere vierbeinige Urlaubsgast. Nicht selten übernehmen wir Hunde aus Tierschutzprogrammen, die durch die anderen erfahrenen Hunde sowie durch mein Zutun lernen, bestehende Ängste zu überwinden. Schon so manche Fellnase, die als nicht vermittelbar galt, hat durch uns ein neues, beständiges Zuhause gefunden. Diese verschiedenen Individuen kommen tagtäglich meist sehr friedlich miteinander aus – zum Erstaunen vieler. Dabei sollte es nicht weiter verwundern, dass Hunde ein intaktes Rudel bilden, wenn der Mensch nicht immer wieder alles durcheinanderbringt. Aber auch die verschiedenen Tiergattungen, die bei oder mit uns leben, haben gelernt, sich gegenseitig zu respektieren. So kann es sogar passieren, dass aus natürlichen Feinden Freunde werden. Auch unsere Dackel mussten ihren Jagdeifer ablegen. Bodo beispielsweise straft den Hahn Schorsch inklusive seiner Hühnerschar allmorgendlich mit verachtenden Blicken. Und dabei bleibt es auch. Dass aus diesen Hühnern und diesem Dackel Freunde werden, daran glaube selbst ich mittlerweile nicht mehr. Für ein Fotoshooting legten Huhn Carmen und Dackel Bodo ihre Animositäten dann aber doch temporär auf Eis. Unser Fotograf registrierte das mit einiger Verwunderung.

Von Zoulo war ja bereits die Rede. Diese Dackeldame ist die »Grande Dame« der Truppe. Ihrem Charme ist bislang noch jeder hoffnungslos erlegen. Erst neulich flatterte ein Filmangebot aus der Schweiz für sie ins Haus. Wir beschlossen, es abzulehnen: Sie darf ihre wohlverdiente Rente genießen. Zoulo ist mittlerweile zwölf Jahre alt, und ansehen kann man ihr das durchaus. Ihr Gesicht ist weiß, was ihr aber eine wirklich besondere, würdevolle Ausstrahlung verleiht. Was Figürchen und Kondition angeht, ist sie jedoch noch immer das junge Mädchen von einst. Nichts zu merken von Altersschwäche. Dafür macht sich so langsam ein gewisser Altersstarrsinn bemerkbar, den wir ihr freilich gerne zugestehen. Eine Ulknudel, stets zu jedem Blödsinn bereit, ist Zoulo nach wie vor. Ihrer professionellen Einstellung, ihrer Karriere stand dieser Wesenszug nie im Weg: Die Einsätze beim Film brachte sie stets mit großer Begeisterung und ohne jeden Anflug von Eigensinn über die Bühne. Sobald unser kleiner Star, Bodo, eine Situation als seiner unwürdig erachtete, sprang sie bereitwillig und ohne zu zögern ein. Ihrer Gerissenheit und dem noch immer vorhandenen Jagdtrieb ist es zu

verdanken, dass Zoulo uns bis heute so manchen spannenden Moment beschert.

Übel nehmen kann man ihr freilich keine freche, abenteuerliche oder gar riskante Aktion. Ich erinnere mich daran, dass Zoulo in jungen Jahren, alle gute Erziehung vergessend, plötzlich im hohen Gras unserer Pferdekoppel verschwand. Wie ein Känguru springend tauchte sie an verschiedenen Stellen immer wieder auf, nur um sofort wieder im hohen Gras abzutauchen. Die Ohren waren natürlich auf Durchzug gestellt. Sie verhielt sich so, um ihre Beute zu orten – wir vermuteten, ein Kaninchen. Gerade wollte ich mir etwas zu Lesen holen, um die Zeit zu überbrücken, bis Zoulo zurückkäme, als ich ein Rascheln im Gras vernahm. Schon stand sie wieder vor mir. Voller Stolz, hoch erhobenen Hauptes und mit einem glücklichen Glanz in den Augen tippelte sie mit ihrer Beute im Maul vor mir auf und ab. Ihre dick gefüllten Backen und einzelne Federn, die aus ihrem sehr vorsichtig geschlossenen Maul hervorragten, machten mir klar, dass kein Kaninchen, sondern ein Vogel Opfer des Jagdeifers unserer Dackeldame geworden war. Verärgert brüllte ich sie an, sofort ihre Beute auszulassen. Zoulo war erstaunt: Ihr Jagderfolg wurde kein bisschen gewürdigt. Das kleine Rebhuhn-Küken, das sie mitgebracht hatte, spuckte sie mir vor die Füße. Gerade wollte ich mich bücken, um ihre Beute zu entsorgen, da erwachte das Küken zu neuem Leben und verschwand in Windeseile im hohen Gras. Zoulo war offensichtlich so sorgsam mit ihm umgegangen, dass es wieder in die Freiheit entkommen konnte. Ich hoffe natürlich, dass das Küken unverletzt zu seiner Mutter zurückgefunden hat. Trotzdem konnte ich nicht an mich halten und musste kräftig lachen. Zoulo hatte ihren Job zu hundert Prozent erfüllt und mir einen Vogel sogar lebend apportiert!

Kiki, mit vollem Namen »Mini Memoar Copacabana«, ist von besonders edler Abstammung und durfte dies auf Ausstellungen mehrmals unter Beweis stellen. Natürlich machte sie ihrem Namen alle Ehre und gewann diverse Titel. Während sie selbst dadurch etwas hochnäsig wurde, blieben Zoulo und Bodo komplett unbeeindruckt. Ab und zu würde Bodo gerne, unbemerkt von seiner Erstfrau, mit der hübschen Rothaarigen anbandeln, ist sie doch auch erheblich jünger als Zoulo. Aber letztendlich bleibt er seiner alten Liebe treu. Beide teilen sich auch nachts ein Kuschelkissen, und Kiki muss sich nach einer anderen Wärmflasche umsehen.

Sie merken vielleicht: Ich liebe beide Geschlechter und beschreibe sie gerne mit einem Augenzwinkern. Aufgrund der Erfahrungen mit meinen eigenen Dackeln könnte ich keine Empfehlung aussprechen. Bodo ist der lebende Beweis dafür, dass die landläufige Meinung, Hündinnen seien im Umgang mit Kindern rücksichtsvoller, nicht stimmt. Sein extrem liebevoller Umgang mit Krabbelkindern hat mich schon zu Tränen gerührt. Also: Auch wenn ich während meiner Arbeit mit wirklich zahlreichen Vertretern dieser Rasse zu tun hatte, kann ich keine geschlechterspezifischen Vor- beziehungsweise Nachteile erkennen.

Besuch beim Züchter

Endlich ist es so weit – Sie planen den ersten Besuch bei einem Dackelzüchter. Ich spreche hier vor allem Dackelliebhaber an, die auf der Suche nach einem netten vierbeinigen Kameraden sind. Jäger, die ihren Hund jagdlich einsetzen wollen, Dackelfans, die gedenken, diesen auf Ausstellungen zu zeigen, oder Züchter wählen ihren Welpen nach sehr speziellen Kriterien aus. Erfüllt ein kleiner Welpe diese nicht, kann er dennoch ein ideales vierbeiniges Familienmitglied sein. Fehlt einem Welpen ein Zähnchen im Kiefer, darf dieser nicht zur Zucht verwendet werden. Hat er einen kleinen Knick in seiner Rute, wird dies auf Ausstellungen moniert. Seinem Charakter und auch seiner Gesundheit schadet das alles in keinster Weise.

Die Wahl des Züchters ist fast ebenso wichtig wie die Wahl des Tieres. Ob es sich um einen Züchter handelt, der Ihren Ansprüchen genügt, lässt sich feststellen, wenn Sie im Vorfeld sowie während Ihres Besuchs genau hinschauen und die richtigen Fragen stellen. Nehmen Sie die Züchter besonders kritisch unter die Lupe, deren Tiere eine vergleichsweise große Anzahl an Würfen pro Jahr produzieren. Auch ungeduldige, gestresste Züchter, denen es vor allem darum zu gehen scheint, Sie möglichst schnell wieder loszuwerden, sind kaum die richtige Wahl. Der- oder diejenige sollte jede einzelne Ihrer Fragen gewissenhaft beantworten und, nicht zuletzt, auch Sie, den potenziellen Käufer, übergenau kennenlernen wollen.

Planen Sie, wenn Sie Kinder haben, den ersten Besuch beim Züchter ohne diese. Ich arbeite mit meinen Hunden auch im therapeutischen Bereich mit Kindern und besuche Kindergärten und Schulen. Diese Arbeit genieße ich sehr. Ich weiß, dass der Umgang von Kindern mit Tieren auf einer sehr emotionalen Ebene stattfindet. Diese Emotionen sind wichtig und wunder-

schön, sollten aber nicht zur Grundlage einer Entscheidung gemacht werden. Erleichtern Sie Ihrem Kind und auch sich selbst den Entschluss für ein neues Familienmitglied. Planen Sie einen ersten Besuch beim Züchter so, dass Sie sichergehen können, die notwendige Ruhe für klare Gedanken und ein gutes Gespür zu haben.

In den ersten Lebenswochen der Welpen macht der Besuch des Dackelwurfs wenig Sinn. Das Gehör der Kleinen öffnet sich im Alter von etwa zehn, die Augen mit etwa vierzehn Tagen. Die ersten unsicheren Gehversuche unternehmen die meisten Welpen mit drei Wochen. Bis dahin erinnern sie an kleine Maulwürfe und haben nur eines im Sinn: die Milchquelle an Mamas Gesäuge zu erreichen.

Erste realistische Aussagen bezüglich des Charakters unserer kleinen Dackel lassen sich frühestens zwischen der fünften und sechsten Lebenswoche treffen – ab dann kann der erste Besuch beim Züchter eingeplant werden. Eine frühere Entscheidung für einen bestimmten Welpen würde nur auf Äußerlichkeiten beruhen. Ab dem Alter von acht Wochen bis zu zwölf Wochen ist der ideale Zeitpunkt für den Umzug ins neue Zuhause.

Ich verstehe nur zu gut, wie schnell man dem hinreißenden Charme von drolligen kleinen Dackelwelpen verfällt – spätestens sobald Sie zum ersten Mal beim Züchter waren, wissen Sie, wovon ich spreche. Daher kann ich emotionale Entscheidungen durchaus nachvollziehen. Bemühen Sie sich trotz alldem, einen klaren Kopf zu behalten und sich an die folgenden Zeilen zu erinnern.

Achten Sie bei Ihrem ersten Besuch darauf, ob die Welpen im engen Kontakt zu Menschen aufwachsen. Wache Welpen sollten freundlich und neugierig auf Sie »zugewackelt« kommen und ihren Züchter mit Begeisterung begrüßen.

Eine Ihnen gegenüber nicht besonders freundliche Mutterhündin sorgt sich womöglich um ihre Kinder. Ein solches Verhalten spricht nicht unbedingt für einen schlechten Charakter des Tieres. Das vertraute, liebevolle Verhältnis zum Züchter sollte aber auf jeden Fall spürbar sein.

Hinterlassen die Welpen und ihr Aufenthaltsort einen gepflegten Eindruck? Hunde halten naturgemäß ihr Lager sauber, wenn die Möglichkeit hierzu besteht. Anfangs ist dies die Aufgabe der Hundemutter, sie putzt ihre Kinder und das Lager mit größter Sorgfalt. Später verlassen die Kleinen in zunehmend größerem Radius ihren Schlafbereich, um sich zu lösen. Auch bezüglich der Erziehung zur Stubenreinheit hat man in der Regel mit einem Welpen, der nicht »im eigenen Dreck« aufwachsen musste, deutlich weniger Probleme. Ein glänzendes Fell, munteres Wesen und klare, wache Augen deuten auf einen gesunden Welpen hin. Auch die Mutter sollte trotz der Strapazen, die ihre Welpen mit sich bringen, einen gepflegten Eindruck machen. Um sich Ruhe von ihren Kindern gönnen zu können, sollte sie die Möglichkeit haben, das Lager selbstständig zu verlassen.

Bietet der Züchter seinen Welpen ab einem gewissen Alter ausreichend Abwechslung – konfrontiert er diese mit den unterschiedlichsten Umweltreizen (das heißt: fährt mit ihnen Auto, bietet ihnen die Möglichkeit, bereits am Leben außerhalb der Zuchtstätte teilzunehmen, andere Menschen und Tiere kennenzulernen etc.)? Der Erfahrungsschatz, den unsere Welpen in den ersten Monaten sammeln, ist von unermesslichem Wert.

Ein kleiner, dicker Dackelmann kommt als Erster auf Sie zugewackelt. Er spürt anscheinend ganz genau, dass Sie »der Richtige« für ihn sind. Schon herrscht so etwas wie eine Vertrautheit – ohne Scheu lässt sich der Kleine hochnehmen und in den Armen halten. Es tut mir leid, aber dieser Racker ist wahrscheinlich bei erfahrenen Haltern besser aufgehoben. Vielleicht verrät Ihnen der Züchter, dass unser kleiner Wonneproppen nicht nur bei Besuchern, sondern auch an der Futterschüssel und sonstigen Objekten der Begierde zu den Ersten zählt. Es handelt sich hier um den Forschesten der Truppe und somit um ein sehr ranghohes Tier in der Hierarchie des Wurfes. Sollten Sie noch wenig Erfahrung mit Hunden haben, dann ist dieser Kandidat nicht unbedingt zu empfehlen. Mit entsprechendem Know-how ist ein solches Powerpaket durchaus davon zu überzeugen, mit uns Menschen zu kooperieren. Aber: Es handelt sich hierbei nur um eine mögliche Interpretation dieses Verhaltens. Alternativ könnte es sich bei dem Welpen auf Ihrem Arm auch um einen ausgeruhten Kandidaten handeln, der nun voller Tatendrang steckt und ganz einfach menschliche Nähe sucht – während allen anderen Kumpels, müde vom Spielen und Toben, gerade die Augen zufallen. In diesem Fall hätte ein ganz anderer Charakter seinen Weg zu Ihnen gefunden. Oder sollten Sie sich vielleicht doch des armen Kleinen annehmen, der ganz ruhig im Eck sitzt und sich nicht zu Ihnen traut? Leider bereiten gerade diese schüchternen Kerlchen vor allem unerfahrenen »Hundeneulingen« oft massive Probleme.

Was ich mit all dem sagen will: Ein guter (!) Züchter kennt jeden seiner Dackel und kann ihre Persönlichkeiten ziemlich genau beurteilen. Der Besucher erlebt nur eine

Momentaufnahme. Vertrauen Sie dem Züchter, vor allem, wenn Sie selbst nur wenig Erfahrung mit Hunden haben. Mit den nötigen Infos bezüglich Ihrer Lebensumstände und Ihrer Erwartungen an das neue Familienmitglied weiß er, welcher seiner Welpen zu Ihnen passt. Beschäftigen Sie sich mit genau diesem kleinen Dackel etwas intensiver und Sie werden merken, wie schnell der Funke überspringt.

Sie sind nicht überzeugt, vom Züchter kompetent beraten zu werden? Sie sind unerfahren und wünschen sich einen unkomplizierten kleinen Gesellen an Ihrer Seite? Dann vertagen Sie die Entscheidung. Beobachten Sie den Wurf mehrmals und konzentrieren Sie sich dabei auf den Welpen, der sich weder zu forsch noch zu vorsichtig verhält. In vielen Fällen handelt es sich bei ihm um einen Hund mit sehr angenehmem Charakter. Wenn Sie sich mit der Auswahl des richtigen Welpen überfordert fühlen und sich auch im Bekanntenkreis kein versierter Berater findet, sollten Sie sich einem kompetenten Fachmann anvertrauen. Das Angebot so manches erfahrenen Hundetrainers umfasst auch die Beratung vor der Anschaffung eines Hundes – egal welchen Alters.

Bei meinen Besuchen von Besitzern sogenannter Problemhunde sehe ich leider viel zu oft, wie schwer sich eine falsche Entscheidung auf das Wohlbefinden aller Beteiligten auswirkt. Die Ursachen für eine solche Fehleinschätzung, welcher Art auch immer, liegen nicht selten in einer unseriösen Beratung im Vorfeld. Damit meine ich nicht die Fälle, die mit etwas gutem Willen der Hundebesitzer durchaus zu einem harmonischen Verhältnis zwischen Mensch und Hund führen könnten. Nein, ich sehe zum Beispiel eine kleine Dackelfrau, eine Sportskanone, die mit Vollgas durchs Leben düst. Verkauft wurde sie an eine gehbehinderte ältere Dame, wohnhaft im vierten Stock eines Mietshauses mitten in der Stadt.

Und halten Sie mich jetzt bitte nicht für unsensibel – ich weiß von den vielen Dingen zwischen Mensch und Hund, die man mit normalem Verstand nicht erklären kann, die es aber gibt, die ich selbst immer wieder erfahre. Ich wünsche mir, wir Menschen würden uns vermehrt auf unser Bauchgefühl verlassen. Trotzdem oder gerade deswegen bitte ich Sie, bei der Auswahl Ihres Dackels nicht ausschließlich emotional, sondern auch wohlüberlegt zu handeln.

3.
Das neue Zuhause und neue Freunde

Was braucht mein Dackel?

Ob ein kleiner Welpe oder ein erwachsener Dackel bei Ihnen einzieht – die zu treffenden Vorbereitungen unterscheiden sich kaum. Der Markt für Hundezubehör boomt. Sie werden nach entsprechenden Recherchen in jeglicher Hinsicht fündig. Angefangen beim Futter über Zubehör wie Leine und Geschirr beziehungsweise Halsband bis hin zu speziellen Hundemänteln – dem persönlichen Geschmack, aber auch den Preisen sind keine Grenzen gesetzt.

Nicht nur für den Transport im Auto empfehle ich die Anschaffung einer ausreichend großen *Hundetransportbox*. Der erwachsene Dackel sollte ausgestreckt bequem in dieser liegen können. Diese Boxen sind nicht auf einen Zweck beschränkt. So erleichtern sie unter anderem auch die Erziehung zur Stubenreinheit vor allem in der Nacht. Diese Form der Unterbringung verliert ihren Schrecken, wenn man sich mit dem Wesen unserer Hunde intensiver befasst. Auch Dackel lieben es, von allen Seiten geschützt zu liegen. Hat man dem Welpen, durch unbedachte Gewöhnung an die Box, diese nicht grundlegend vermiest, wird er sich aus freiem Willen liebend gerne darin aufhalten.

Es macht Sinn, schon beim Züchter *Geschirr* und *Leine* dabeizuhaben – zum einen zur Sicherheit, zum anderen, um den Dackel bereits in den ersten Tagen daran zu gewöhnen. In manchen Fällen wird Ihnen Ihr Dackel mit einer »Erstausstattung« vom Züchter übergeben. Bedenken Sie beim Einkauf, dass das Geschirr bequem sitzen sollte. Da fast jeder Welpe erst einmal an der Leine zieht, halte ich nichts davon, ihm ein Halsband anzulegen. Verletzungen an Kehlkopf, Halswirbelsäule, Lymphknoten und den Gefäßen können so vermieden werden.

Beim Kauf eines *Halsbandes* (für den erwachsenen Hund, der gelernt hat, anständig an der durchhängenden Leine zu laufen!) achte man darauf, dass dieses aus einem weichen Material gefertigt und nicht zu schmal ist (mindestens eineinhalb Zentimeter breit). Eine daran befestigte Patrone, in der sich ein Zettel mit Ihrem Namen und Ihrer Telefonnummer befindet, hilft, den Besitzer eines kleinen Ausreißers schnell ausfindig zu machen. Verschnallen Sie das Halsband nicht zu fest – wenn Sie drei Finger darunterschieben können, sitzt es angenehm, ohne dass sich Ihr Dackel das Halsband über den Kopf ziehen kann. Stachel-, Ketten- oder Würgehalsbänder gehören der Vergangenheit an und nicht an den Hals Ihres kleinen Hundes. Die ideale Leine für den Welpen ist leicht, etwa zwei Meter lang und möglichst längenverstellbar.

Erkundigen Sie sich beim Züchter, welches *Futter* Ihr Dackelwelpe in den letzten Wochen erhalten hat – eine Ernährungsumstellung zum Zeitpunkt des Umzuges würde zu großen Stress bereiten. Je ein *Napf* für Futter und Wasser sollte vorhanden sein. Achten Sie darauf, dass diese mit einem rutschfesten Boden ausgestattet sind.

Welpen haben ein immenses Schlafbedürfnis, und diesem gehen sie, zumindest in den ersten Lebensmonaten, gerne in unserer unmittelbaren Nähe nach. Sie freuen sich, bereits bei ihrem Einzug ein bis zwei kuschelige *Hundebetten* in den Zimmern vorzufinden, in denen sich auch die Menschen meistens aufhalten. Hunde bevorzugen einen nach mehreren Seiten geschützten Schlafplatz, idealerweise in einer zugfreien Ecke des Zimmers. Die Schlafplätze sollten leicht zu reinigen und mit einer warmen Unterlage versehen sein, um den Hund vor Bodenkälte zu schützen. Bedenken Sie, dass Ihr Welpe gerne die Haltbarkeit seines »Körbchens« beziehungsweise die Beißkraft seiner Zähne testet – gerade Weidenkörbe hat so manch kleiner Dackel »zum Fressen gern«. Aber auch andere Materialien bleiben nicht unbedingt verschont. Nicht selten ist man erstaunt, welches Bild der Verwüstung unser neuer Hausgenosse nach nur kurzer Zeit der Einsamkeit hinterlassen kann. So sollte ein zur Wohnungseinrichtung passendes, besonders exklusives Körbchen besser erst zu einem späteren Zeitpunkt gekauft werden. Hunde lieben Höhlen – meine Dackel kuscheln sich mit Vorliebe in ein weiches Bettchen mit Dach über dem Kopf. Bieten Sie Ihrem kleinen Welpen nach Möglichkeit einen solchen Schlafplatz an. Bodos Bett wird zudem mit einer dicken Decke bestückt, unter die er jede Nacht selbstständig krabbelt. Auch tagsüber finde ich ihn regelmäßig in einer von ihm gegrabenen Höhle unter Decken, Tüchern oder Kissen. Ob er doch die Arbeit im Dachsbau vermisst?

Der noch nackte Bauch unserer Dackelwelpen hat einen geringen Abstand zum Boden. Deswegen befürworte ich den Kauf eines *»Hundemantels«*. Meine Kurzhaardackel sind fast ausschließlich ohne ein schützendes Kleidungs-

stück unterwegs und toben ohne Mantel auch durch Regen und Schnee. Ein gesunder Hund hält sich durch Bewegung warm. Kommen sie zur Ruhe, sind womöglich nass und müssen sich noch im Freien aufhalten, halte ich aber etwas zum Überziehen bereit. Unsere zwölf Jahre alte Dackeldame Zoulo trägt seit diesem Winter auf längeren Spaziergängen Mantel. Wir haben bemerkt, dass sie plötzlich sehr schnell zu Erkältungen neigt, und schützen sie so im Alter vor dem Auskühlen. Auch Welpen (vor allem die kurzhaarigen) frieren sehr schnell, wenn sie sich nicht oder nur wenig bewegen. Daher empfiehlt es sich, sie zumindest in den ersten Wochen an »Schlechtwettertagen« bei einem längeren Aufenthalt im Freien durch einen Mantel vor Erkältungen zu schützen. Die Erziehung zur Stubenreinheit klappt erfahrungsgemäß ebenfalls besser, wenn unser kleiner Welpe beim Gang ins Freie nicht jedes Mal vor Kälte erstarrt.

Regelmäßiges Kämmen mit der zur Haarart passenden *Bürste* sorgt nicht nur für ein gepflegtes Aussehen unseres kleinen Rackers. Für meine Kurzhaardackel habe ich einen speziellen *Handschuh mit Gumminoppen* zur Hand – die Massage mit diesem genießen sie sehr. Zur Pflege meiner lang- und rauhaarigen Hunde benütze ich einen *Furminator* oder einen *Metallstriegel*.

Flohkamm und *Zeckenzange* erleichtern das Auffinden und Entfernen von lästigen Parasiten. Sollte unser Dackel aufgrund einer dicken, stinkenden Dreckschicht nicht mehr als solcher zu erkennen sein, kommt ein speziell auf den pH-Wert unserer Vierbeiner abgestimmtes *Hundeshampoo* zum Einsatz.

Von der Anschaffung einer *Krallenzange* rate ich unerfahrenen Hundebesitzern ab – leicht schneidet man vor allem schwarze Krallen zu kurz und bereitet dem Hund dadurch Schmerzen.

Spielsachen werden in unvorstellbarer Vielfalt angeboten – lassen Sie sich gegebenenfalls beraten. Ich bin mit meinen Welpen viel im Freien. Hier bietet die Natur alles, was der kleine Kerl zum Spielen benötigt und mich keinen Cent kostet. Zu Hause reicht uns ein *Ball* (bitte keine alten Tennisbälle, diese reiben die Zähnchen ab wie Schmirgelpapier) und ein kleiner *Zerrstrick*.

Getrocknete Kausnacks als Knabbereien für die Zähnchen machen Sinn. Pansenstäbchen, getrocknete Entenhälse, Hundecookies mit Rinderherz: Sie werden erstaunt sein, was der Fachhandel inzwischen auch für verwöhnte Dackelgaumen zu bieten hat. Bevorzugen Sie größere Stücke, mit denen Ihr kleiner Hund für längere Zeit beschäftigt ist, und achten Sie auf gute Qualität – der Gesundheit Ihres Dackels zuliebe! Was die *Leckerlis* zur positiven Bestärkung in der Erziehung angeht, rate ich zu Schmackhaftem in Minimalgröße. Nach dem Motto: Mit einem Happ ist alles weg…

Auf meinen Spaziergängen habe ich immer *Kotbeutel* griffbereit in der Tasche, um die Hinterlassenschaften meiner Hunde aus dem Weg zu räumen. Komme ich mit einem nassen oder schmutzigen Hund nach Hause, liegt ein *altes Handtuch* zum Abtrocknen griffbereit.

Die Wohnung »dackelsicher« machen

Hundewelpen sind kreative kleine Kerlchen. Allerdings unterscheidet sich ihr Geschmack, was die Gestaltung der Wohnungseinrichtung angeht, in der Regel nicht unwesentlich von unserem. Bedenken Sie, dass Sie Ihr kleines Monster nicht den kompletten Tag unter Aufsicht haben können. Mit einem Welpen verhält es sich nicht anders als mit einem Kleinkind, welches beginnt, die Wohnung unsicher zu machen. Ihr kleiner Hund erforscht die Welt mit allen Sinnen. In den ersten Lebensmonaten setzt er Prioritäten: Mit den Zähnen die Haltbarkeit verschiedener Gegenstände zu testen, aber auch die Kaumuskulatur und somit die Beißkraft zu stärken, ist eine davon. Wozu hat ein Hund sonst diese hervorragenden Werkzeuge mitbekommen? Besonders in der Zeit des Zahnwechsels (dieser beginnt mit etwa vier Monaten) ist oft nichts vor ihnen sicher.

Schmücken Ihre Wohnung Teppiche? Diese eignen sich bestens für diverse Umgestaltungsmaßnahmen. Ultimativen Spaß bereitet es, an den womöglich vorhandenen Fransen zu zerren: Nicht nur das Kauen wird geübt – auch das Zerfetzen. Ihr netter kleiner Dackel zeigt hier ein uraltes Verhaltensmuster, das ihm von Großvater Wolf vererbt wurde: Ist die Beute erlegt, reißt man die Bauchdecke auf und entnimmt erst einmal Magen samt Inhalt. Aus demselben Grund werden die Plüschtiere Ihrer Kinder, sofern sie nicht in Sicherheit gebracht wurden, intensiv auf ihren Inhalt hin untersucht. Außerdem eignet sich ein flauschiger Teppich in den Augen eines Welpen hervorragend zur Verrichtung eines Geschäfts. Hier wird er gern zum Wiederholungstäter, denn eine Duftnote des Malheurs bleibt schön lange in den dichten Stofffasern zurück. Also: antiken Perserteppich

raus oder Dackel dort immer unter Beobachtung halten. Die Kanten Ihrer Möbel bieten dem kleinen Piranha genug Angriffsfläche, um mit den Zähnchen deren Haltbarkeit zu testen – lassen Sie Ihre Antiquitäten nicht unbeaufsichtigt! Achten Sie auf Stromkabel, die offen zugänglich sind – diese erfreuen sich großer Beliebtheit bei kleinen Hundekindern, und das kann böse enden. Ohne Werbung für eine Schuhmarke machen zu wollen – Bodo bevorzugte die Prada-Schuhe meiner Mutter. Vielleicht lag es weniger an der Marke selbst als an den Fransenquasten, die ihn besonders reizten. Eine hing ihm im Mundwinkel, die andere war nicht mehr auffindbar. Und Bodo war sich zumindest für einige Zeit der Missgunst meiner Mutter sicher.

Auf dem Boden stehende Blumentöpfe bieten viel Freiraum für die Kreativität unseres Dackelwelpen. Erde raus, Knochen rein. Erde wieder rein gestaltet sich als schwierig. Resultat: Schwarze Pfotenabdrücke auf dem Teppich – gesetzt den Fall, ich konnte Sie nicht davon überzeugen, diesen wegzuräumen. Der Mülleimer ist ein Eldorado für Hundenasen – herauszufinden, wie er bedient wird, ist für unsere Forscher im Dackelformat ein Klacks. Es sei denn, es handelt sich um ein besonders hohes Exemplar, und die kurzen Beinchen machen weitere Missetaten unmöglich ... Zigaretten, Schokolade, Medikamente, Putzmittel und chemische Substanzen stellen ein großes Gesundheitsrisiko dar und sollten daher für Dackel unerreichbar aufbewahrt werden.

Einen großen Vorteil sehe ich trotz alldem in der Anschaffung eines Hundewelpen: Erwachsene und vor allem Kinder werden zur Ordnung erzogen!

Ein Magnet, idealerweise der Größe der Dackel auf die einladendste Weise entsprechend, sind Katzentoiletten, natürlich samt Inhalt. Ermöglichen Sie Ihrer Katze einen ungestörten Toilettenaufenthalt an einem für Ihren Welpen unzugänglichen Ort. So mancher Besitzer eines edlen Dackels mit hochkarätigem Stammbaum kann es einfach nicht verstehen, wenn dieser als Dessert am liebsten die Hinterlassenschaften vom Stubentiger zu sich nimmt. Aber bekanntlich unterscheiden sich Geschmäcker. Ein Kindergitter vor Treppen verhindert ein Abstürzen Ihres Dackelkindes. Außerdem bieten diese an anderer Stelle eine Möglichkeit, die allzu große Anhänglichkeit Ihres Kleinen in geregelte Bahnen zu lenken, ohne dass eine geschlossene Tür durch Kratzen in Mitleidenschaft gezogen wird.

Werfen wir noch einen Blick in den Garten. Teich und Swimmingpool stellen eine große Gefahr da. Auch wenn sich der kleine Kerl eine Zeit lang über Wasser halten kann, schafft er es wahrscheinlich nicht, aus eigenen Kräften über hohe, glatte Kanten zurück ins Trockene zu krabbeln. Untersuchen Sie Ihren Zaun auf undichte Stellen, durch die der Dackel in einem unbeobachteten Augenblick auf die Straße entkommen kann. Und bedenken Sie, dass es Pflanzen gibt, die nicht unerhebliche Vergiftungen bei Ihrem Hund hervorrufen können. Eine Datenbank giftiger Pflanzen und Substanzen finden Sie hier: www.giftpflanzen.ch.

Aufgezählt habe ich bei Weitem nicht alle Aktivitäten, durch die ein kreatives Dackelkind die Geduld seiner Besitzer auf die Probe stellen kann. Ich betone: »kann«! Denn, kaum zu glauben, es gibt sie, die »Lämmer« in Dackelformat! Sie haben nicht nur den Blick, als könnten sie kein Wässerchen trüben, sie verhalten sich auch entsprechend vorbildlich. Man könnte fast daran zweifeln, dass man sich wirklich einen echten Dackel zugelegt hat. In dem Fall kann ich Sie nur beglückwünschen. Aber Vorsicht – noch ist nicht aller Tage Abend!

Unser Dackel zieht ein

Nehmen Sie sich Zeit, wenn Ihr neues Familienmitglied bei Ihnen einzieht. Sind Sie stundenweise berufstätig, nehmen Sie mindestens für die ersten vierzehn Tage (besser länger!) Urlaub. Dies ist sowohl für die seelische Entwicklung Ihres Welpen als auch für die Erziehung zur Stubenreinheit wichtig.

Haben Sie sich für einen Welpen vom Züchter entschieden, so werden diese im Alter von acht bis zwölf Wochen abgegeben – je nach Vorschrift des jeweiligen Clubs. Der Welpe wird in diesem Zeitraum in der Regel das erste Mal vom Tierarzt geimpft und gechippt. Außerdem kontrolliert der Zuchtwart jeden einzelnen Welpen des Wurfs. Nur gesunde und geimpfte Hunde dürfen den Besitzer wechseln. In welchem Alter Sie Ihren Dackelwelpen zu sich holen, hängt von mehreren Faktoren ab: Der Züchter wird Sie sicher darüber unterrichten, welchen Zeitpunkt er für geeignet hält.

Erfahrene Hundebesitzer tendieren dazu, ihren Welpen so früh wie möglich abzuholen. So kann man in den ersten Lebenswochen aus dem Vollen schöpfen, und Ihr kleiner Dackel lernt in engem Austausch mit Ihnen die Welt kennen. Aufgrund der meist größeren Anzahl von Welpen hat ein Züchter nicht die Möglichkeit, seinen Hundekindern Erfahrungen in diesem Ausmaß zu bieten. Dagegen hat ein längerer Aufenthalt der Welpen beim Züchter, und damit auch bei der Mutterhündin, den Vorteil, dass Letztere noch ein gutes Stück Erziehungsarbeit leisten kann, welche vom Menschen nicht zu leisten ist. Hat man bereits einen erwachsenen Hund zu Hause, erledigt der normalerweise einen Teil dieser Aufgaben.

Auch der Kontakt zu den Geschwistern trägt zu einer gesunden Entwicklung bei. Da dieser in den meisten Fällen nach dem Umzug ins neue Zuhause wegfällt, sollte nach kurzer Eingewöhnung so schnell wie möglich der Welpenkurs einer Hundeschule besucht werden. Kontrolliertes Spiel mit Gleichartigen und Gleichjungen, aber auch der Kontakt zu gut sozialisierten, erwachsenen Hunden ist für eine gute soziale Entwicklung Ihres Welpen zwingend notwendig. Bei der Auswahl der Hundeschule ist es jedoch ratsam, diese mehr als kritisch unter die Lupe zu nehmen.

Bei der Abholung Ihres Dackels sind noch einige Formalitäten zu erledigen. In der Regel wird ein Kaufvertrag abgeschlossen. Vom Züchter erhalten Sie die Ahnentafel und den Impfpass Ihres kleinen Welpen. Die Ahnentafel gibt Auskunft über die Vorfahren bis zu den Großeltern inklusive der von diesen abgelegten Prüfungen und errungenen Titel auf Zuchtschauen. Außerdem findet man hier Name, Geburtsdatum, Geschlecht, Farbe und Chipnummer des Dackels. Beim Impfpass – aktuell bezeichnet als EU-Heimtierausweis – handelt es sich um den »Personalausweis« Ihres Hundes. Dieser ist bei Tierarztbesuchen und vor allem bei Fahrten ins Ausland mitzunehmen. Über den Heimtierausweis lässt sich die Identität jedes Hundes aufgrund der aufgeführten Chipnummer nachweisen. Eingetragen werden die »Personalien« des Hundes, Name und Adresse seiner Eigentümer und alle Impfungen.

Die erste Autofahrt

Ich gehe davon aus, dass Sie Ihren Dackel mit dem Auto beim Züchter abholen. Ein kleiner Welpe kommentiert seine erste Autofahrt in den meisten Fällen mit stimmgewaltigem Protest. Das müssen wir ihm nachsehen, es ist schließlich das erste Mal, dass er von seinen Geschwistern getrennt ist. Daher empfehle ich, den kleinen Kerl nicht ohne Begleitung abzuholen. Diese kann Chauffeur spielen und sich auf den Verkehr konzentrieren, während Sie sich um Ihren wehklagenden Neuzugang kümmern. Die Autofahrt sollte der Kleine in seiner Transportbox verbringen. Diese ist ausgestattet mit einer weichen Unterlage und idealerweise einer kleinen Decke vom Züchter, an welcher vertrauter Geruch haftet. Trotzdem wird sich unser Welpe sehr einsam fühlen und eventuell herzzerreißend weinen. Geben Sie ihm das Gefühl, in seiner Nähe zu sein, legen Sie Ihre Hand zu ihm, aber nehmen Sie ihn möglichst nicht aus der Box. Er muss nun lernen, ohne seine Hundefamilie auszukommen – auch wenn es noch so schwer fällt. Die ersten Autofahrten bedeuten für manche Vierbeiner auch anderweitig Stress. Ihnen wird übel, der Speichel läuft aus den Mundwinkeln, manche müssen sich sogar übergeben. Gerade mit diesen Hunden sollte das Autofahren möglichst täglich geübt werden. Immer mit einem angenehmen Spaziergang verbunden, werden sie das Problem schnell überwinden. In der Regel ist es der Blick nach draußen, die ungewohnt schnell vorbeiziehende Landschaft, die Übelkeit verursacht – auch hier verschafft die Transportbox Abhilfe.

Zu Hause angekommen, setzen Sie den kleinen Dackel zuerst einmal an den Ort, an dem er in den nächsten Wochen idealerweise sein Geschäft verrichten soll. Nach der Aufregung drückt ihn sicherlich die Blase. Geben Sie Ihrem Welpen anschließend Zeit, in Ruhe alles zu erforschen. Lassen Sie nicht alle auf ihn einstürmen, bitten Sie neugierige Nachbarn und Verwandte, ihren Besuch auf einen der nächsten Tage zu verschieben. Begleiten Sie Ihren neuen Mitbewohner auf seiner Entdeckungsreise durch die noch fremde Behau-

sung, zeigen Sie ihm seinen immer mit frischem Wasser gefüllten Trinknapf. Setzen Sie den kleinen Kerl auf seinen Schlafplatz, wenn er den Eindruck erweckt, dass er müde wird. Sie können diese Aktion bereits mit dem Wort »Decke« verbinden (oder jedes andere »Kommando«, das Sie in Zukunft verwenden wollen, wenn Sie Ihren Hund auf seinen Schlafplatz schicken). Auch hier wird die Decke vom Züchter mit dem vertrauten Geruch gute Dienste erweisen. Nehmen Sie sich Zeit und setzen Sie sich neben Ihren kleinen Dackel, streicheln Sie ihn sanft, bis er eingeschlafen ist.

Wacht er auf, sollten Sie ihn auf direktem Weg nach draußen befördern. Denn der Gang zur Toilette ist nun brandeilig. Und zwar jedes Mal, nachdem Ihr Welpe geschlafen, gefressen oder längere Zeit gespielt hat. Unruhiges Umhersuchen ist häufig ein Hinweis, dass Ihr Welpe nach einem geeigneten Platz zum Lösen sucht. Erst wenn Sie den Eindruck haben, dass der kleine Kerl nach geraumer Zeit kapiert hat, wo er sein Geschäft verrichten soll, können Sie damit etwas nachlässiger werden. Quittieren Sie es mit verbalem Lob, wenn er sich draußen brav entleert – nicht überschwänglich, auch eine Futterbelohnung halte ich hier für fehl am Platz. Das Thema »Erziehung zur Stubenreinheit« wird Sie die nächsten Wochen begleiten. Beginnen Sie am ersten Tag damit – jede Pfütze im Haus wird Ihren Welpen motivieren, es ein weiteres Mal zu versuchen, wenn er von Ihnen nicht auf frischer Tat ertappt wurde. In flagranti erwischt, reicht ein tadelndes »Nein« (der Ton macht die Musik, nicht die Lautstärke!) und schon geht's wieder nach draußen. Vergessen Sie das Lob nicht, wenn es dort geklappt hat. In der ersten Zeit erleichtern wir unserem kleinen Dackel, sich zu erinnern, worum es geht, indem wir ihn immer dort absetzen, wo er sich bereits verewigt hat. Unterlassen Sie es bitte, ihn im Nachhinein für eine Pfütze oder einen Haufen auf dem Teppich zu bestrafen oder gar nach alter Manier die Schnauze in das Malheur einzutauchen! Ihr kleiner Welpe kann nicht begreifen, wofür er bestraft wird, und ein solcher Umgang verhindert den Aufbau Ihres Vertrauensverhältnisses. Der Erfolg bei der Erziehung zur Stubenreinheit hängt vor allem von Ihrer Aufmerksamkeit und Konsequenz ab, weniger vom Intelligenzquotienten Ihres Hundes.

Wasser sollte immer zu Verfügung stehen, Futter erhält ein kleiner Welpe normalerweise noch viermal täglich. Ihr Züchter hat Sie sicher instruiert.

Die erste Nacht

Der erste gemeinsame Tag geht zur Neige – wo soll unser kleiner Dackel die Nacht verbringen? Die besten Erfahrungen habe ich gemacht, wenn der Welpe in den ersten Nächten neben meinem Bett schläft. Die zur Schlafhöhle umfunktionierte Transportbox macht sich hier bezahlt. Da unsere Kleinen ohnehin allem Höhlenartigen als Schlafplatz den Vorzug geben, können wir sie mit etwas Geschick sehr gut daran

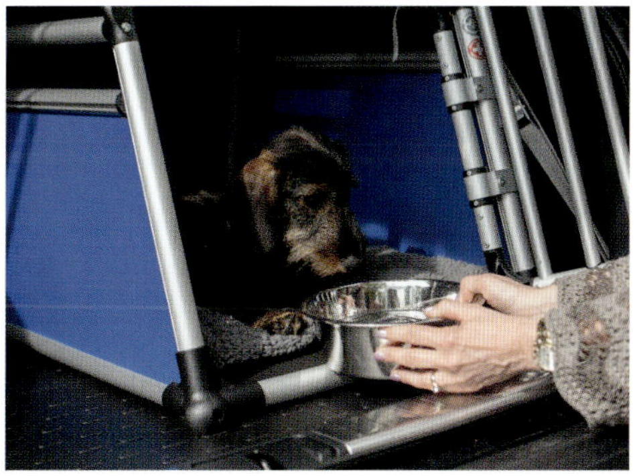

gewöhnen, dort auch die Nacht zu verbringen. Möglichst kuschlig, auch mit der Decke vom Züchter ausgestattet, bedeutet dieser Ort zwar keine Garantie für eine ruhige Nacht. Aber zumindest erleichtern wir unserem Dackelkind die erste Übernachtung im neuen Zuhause. Haben wir bereits tagsüber ab und zu unseren müden Welpen in die Transportbox gelegt, ist die Situation nichts komplett Neues. Immer noch aktuell ist der Tipp, einen tickenden Wecker unter die Decke zu legen, um die Einsamkeit erträglicher zu machen. Dieser soll ihn an den Herzschlag der Mutter erinnern.

Welpen benötigen normale Raumtemperatur – sollten Sie ein kaltes Schafzimmer bevorzugen, überlegen Sie, in dieser Übergangszeit mit Ihrem Dackel in einem wärmeren Zimmer zu übernachten. Gute Dienste leistet auch eine über die komplette Transportbox gelegte Decke, um dem Welpen die Möglichkeit zu geben, sich diesen kleinen Raum selbst zu erwärmen. Tröstende Worte und die Hand zur Beruhigung geben dem Kleinen die nötige Geborgenheit und das Vertrauen, um friedlich einschlummern zu können.

Den Hund ins Bett zu nehmen, ist eine Entscheidung, die jeder für sich treffen muss. Ich rate, es zu unterlassen. Einem kleinen Neuankömmling setzen Sie womöglich damit das erste Zeichen, in der Rangordnung mit Ihnen zu konkurrieren. Wollen Sie dennoch Ihren Hund gerne im Bett oder auf der Couch haben, sollte dies nicht zur Selbstverständlichkeit werden. Nach einem fragenden Blick kann man gegebenenfalls die Erlaubnis erteilen. Hat sich der Kleine daran

gewöhnt, wird es umso schwerer, sollten Sie irgendwann anders entscheiden und wieder ein »dackelfreies« Bett bevorzugen. Fair dem Kleinen gegenüber ist dies sicher nicht.

Da Hunde in der Regel ihr eigenes Lager nicht beschmutzen, haben wir mit der Box den Vorteil, dass sich unser Welpe meldet, wenn er »sein Geschäft verrichten« muss. Nun liegt es in den ersten Nächten an uns, herauszufinden, ob es sich um das Bedürfnis nach Nähe oder den Wunsch, sich zu entleeren, handelt. Je jünger Ihr Welpe ist, umso schwieriger ist es für ihn, Blase und Darm für einen längeren Zeitraum zu kontrollieren. Hier kann auch keine Empfehlung gegeben werden, diese Erfahrung muss jeder selbst mit seinem Dackel machen. Sie werden mit der Zeit erkennen, ob Ihr Hund blufft oder wirklich nach draußen muss. In dem Fall ist, in beiderseitigem Interesse, der direkte Gang nach draußen angesagt – ohne große Spiel- und Kuschelsequenzen. Sofort nach Erledigung der unvermeidlichen Geschäfte nehme man den Dackel wieder unter den Arm und verfrachte ihn ohne allzu große Sentimentalitäten in sein Schlafgemach. Er soll lernen, dass wir Menschen nachts in der Regel ruhen. Seine Aktivitäten sollte er entsprechend lieber auf den Tag verlegen. Aller Anfang ist bekanntlich schwer, aber die Zeit der schlaflosen Nächte ist absehbar, wenn man sich nicht erweichen lässt!

Allein bleiben

Noch ein Hinweis, den man spätestens ab dem zweiten Tag im neuen Dackelzuhause berücksichtigen sollte: Kleine Welpen tendieren dazu, sich »ihrem« Menschen auf Schritt und Tritt an die Fersen zu heften. Sie waren bis jetzt noch nie auf sich allein gestellt. Auch viele Besitzer erwachsener Hunde berichten mir mit glänzenden Augen, welch treuen Gefährten sie an ihrer Seite haben. Keinen Augenblick lässt er sie allein. Von welch treulosen Seelen bin ich hingegen umgeben. Meine Hunde dösen entspannt in der Sonne und zucken nicht einmal mit den Wimpern, wenn ich meinen täglichen Verrichtungen nachgehe und von Zimmer zu Zimmer eile. Sie halten es auch nicht für nötig, den vierbeinigen Boss der Hundetruppe bei einem Platzwechsel zu begleiten. Hören sie das leise Klimpern ihrer Halsbänder, die ich vom Haken nehme, könnte man jedoch fast glauben, sie wären mit einem Düsenantrieb ausgestattet.

Selbst mein treuer Gefährte Bodo weiß, dass er mich beruhigt aus den Augen lassen kann, denn mit Treue hat es wenig zu tun, wenn es bei manchen Mensch-Hund-Beziehungen anders läuft. Wobei man auch hier etwas differenzieren muss. Der ein oder andere meiner vierbeinigen Freunde liegt gern zu meinen Füßen und genießt den Körperkontakt.

Irgendwann bemerkt er, dass ich mich woanders niedergelassen habe, und folgt mir entspannt. Wir beide genießen diese Nähe, und daran ist absolut nichts auszusetzen. Haben Sie allerdings den Eindruck, dass es sich bei Ihrem Dackel um einen »Stalker« handelt, schadet dies nicht nur Ihrem Nervenkostüm, sondern auch dem Ihres Hundes. Relaxte Hunde ruhen und verschlafen einen Großteil des Tages.

Lassen Sie schon Ihren klitzekleinen Dackelwelpen für kurze Zeit alleine. Genießen Sie zum Beispiel einen ungestörten, dackelfreien Toilettenbesuch, in dem Sie die Tür von innen schließen. Im Idealfall öffnen Sie diese in der Sekunde, in welcher der kleine Jammerlappen sein Wehklagen gerade unterbrochen hat. Beschränken Sie die Trennung am Anfang auf wenige Minuten und verlängern Sie stückweise. Machen Sie kein Aufheben um diese Aktion – Sie kommen und gehen ohne weiteren Kommentar. So lernt unser kleiner Neuankömmling, dass Sie ihn nur für kurze Zeit verlassen. Auf diese Art und Weise schonend darauf vorbereitet, verkraftet Ihr Dackel zu einem späteren Zeitpunkt auch mehrere Stunden Einsamkeit ohne Probleme.

König Welpe

Wenn ein Welpe in ein Rudel einzieht, unterscheidet sich das Verhalten der vierbeinigen Rudelmitglieder gravierend von der Art und Weise, wie wir Menschen instinktiv mit ihm umgehen. So manch kleinen Welpen irritieren wir durch unsere »Vermenschlichung« nicht unerheblich – kommt er doch in der Regel aus einem Rudelverband und hat hier schon, zumindest von Mutter und Geschwistern, einige Regeln mit auf den Weg bekommen. Meine Hunde zeigen dem neuen kleinen Rudelmitglied sehr deutlich, an welcher Stelle ihrer klaren Hierarchie es steht. Noch immer kursiert der irrtümliche Begriff des »Welpenschutzes«, das heißt, so mancher Hundebesitzer verlässt sich darauf, dass einem kleinen Welpen im Kontakt zu anderen Hunden nichts passiert. Dies mag im gewissen Rahmen für das Rudel zutreffen, in das der Welpe integriert ist. Aber nicht jede Begegnung eines

erwachsenen Hundes mit einem Welpen verläuft gefahrlos. Achten Sie auf Ihren kleinen Dackelwelpen, seien Sie nicht übervorsichtig, aber auch nicht komplett unbesorgt!

Konfrontiert mit unserem, dem Welpen komplett fremden Rudel, muss sich der Kleine erst einmal »ganz hinten anstellen«. Keiner meiner Hunde bietet ihm in den ersten Tagen sein Bett zum Kuscheln an. Selbst von der mütterlichsten meiner Hündinnen wird er mit einem tiefen Knurren des Platzes verwiesen. Keiner teilt mit dem bedauernswerten Kerlchen sein Fressen. Würde ich nicht dazwischengehen, würden sie ihm sein Futter vor der Nase wegschnappen. Und keiner der erwachsenen Hunde mag mit dem lästigen Gnom ein Spielchen wagen. Komischerweise versteht das der kleine Kerl, nimmt nichts übel und trollt sich des Weges. Auf uns Menschen macht er einen erbarmungswürdigen Eindruck – wir zerfließen vor Mitleid. Wir haben das Bedürfnis, unser Dackelkind auf liebevollste Art und Weise zu empfangen. Wir kredenzen ihm sein Futter, keiner macht es ihm streitig. Wir bereiten ihm ein warmes Bett, wo auch immer es zu schlafen wünscht. Wir lesen ihm nahezu jeden Wunsch von den Lippen ab und sehen ihm vieles nach. Der arme, kleine Kerl soll sich in aller Ruhe eingewöhnen. Mit diesem Verhalten machen wir bereits Zugeständnisse, die wir später widerrufen müssen. Sehr zum Unverständnis des Dackels. Das Rudel demonstriert durch sein Verhalten Stärke, damit kann ein Welpe umgehen und sich entsprechend verhalten. Schneller, als man denkt, ist er ins Rudel integriert und wiegt sich, mit starken Kumpels an seiner Seite, in Sicherheit. Wir Menschen machen aus ihm einen kleinen Prinzen, wenn nicht sogar einen König. So hat unser Welpe plötzlich das Zepter in der Hand. Jeder Welpe ist damit letztendlich komplett überfordert. Ein starker Charakter macht sich dies aber sehr schnell zunutze und tanzt uns Menschen auf der Nase herum. Ein schwacher, unsicherer Hund kann mit dieser Rolle überhaupt nicht umgehen.

Bitte verstehen Sie mich nicht falsch – natürlich dürfen und sollen Sie sich um Ihren kleinen vierbeinigen Familienzuwachs in liebevoller Weise kümmern. Aber machen Sie sich dabei stets bewusst, dass Sie einen Hund, keinen Kindersatz vor sich haben. Und schon gar nicht den König, der das Regiment übernimmt. Das bekommt keinem Welpen gut.

Wir sind Menschen, und keiner verlangt, dass wir als Hundebesitzer zum Hund mutieren. Wir sollten uns jedoch sehr wohl um gegenseitiges Verständnis bemühen. Ich behaupte, der größte Teil aller Schwierigkeiten zwischen Mensch und Hund basiert auf Kommunikationsproblemen. Unsere Hunde bemühen sich sehr, uns zu verstehen. Selbst diese Bemühungen deuten wir häufig falsch. Es führt zu weit, in diesem Buch umfassend über die richtige Kommunikation zwischen Mensch und Hund zu schreiben. Ich kann nur die Bitte äußern, sich etwas intensiver damit auseinanderzusetzen. Befassen Sie sich mit der Körpersprache und dem Lernverhalten des Hundes, interessante Literatur ist vorhanden (siehe meine Literaturhinweise am Schluss des Buches).

Bei Dreharbeiten mit meinen Hunden ist eine sehr leise, sensible Form der Kommunikation notwendig. Jede meiner Körperbewegungen wird von den Hunden genau beobachtet, in der Regel kommuniziere ich nur über Gestik. Dies kommt meinen Vierbeinern und dem Filmteam zugute. Würde ich ständig herumbrüllen, hätte der Mann vom Ton viel zu tun, und meine Tiere wären heillos überfordert. Geht etwas schief, schiebe ich die Schuld nicht auf meine Hunde. Auf die ist Verlass, und sie beobachten mich genau. Ich gehe davon aus, dass eine meiner Bewegungen zu einem Missverständnis führte.

Kinder und Dackel

Haben Sie Kinder, kann man diese nur beneiden. Der Dackel wird ihr Leben in jedem Fall bereichern. Meine Kinder sind in einem Haus voller Hunde groß geworden, und auch meine Dackel sind absolute Kinderfreaks. Ich kann mich an viele wunderschöne Momente erinnern. Nicht ein einziges Mal entlockte der Kontakt zu den Kids den Dackelrachen ein Knurren. Das mag auch daran liegen, dass meine Kinder früh lernten, wie sie mit den Hunden umzugehen haben, sodass sie ihnen nicht das Gefühl geben, sich verteidigen zu müssen. Im Gegenteil: Meine jüngste Tochter Saskia maßregelte jeden Spielkameraden, behandelte dieser in ihren Augen unsere Tiere nicht mit dem nötigen Respekt. Sie war es auch, die ständig mitten in der Wurfkiste saß und mit Adleraugen kontrollierte, ob auch der kleinste der Welpen eine freie Milchquelle erwischte. Sämtliche Hundemütter tolerierten dies ohne jeglichen Argwohn. Die bei mir aufgewachsenen Welpen sind allesamt Kinderfanatiker – nicht selten wird mir von den neuen Hundeeltern berichtet, dass ihre Tiere mit großer Vehemenz den Kontakt zu Kindern suchen.

Zieht ein Welpe bei Ihnen ein, dürfte es kein großes Problem sein, ihn an Kinder zu gewöhnen, auch wenn er beim Züchter keine Erfahrung mit diesen gemacht hat. Es liegt an den Eltern, ihre Kinder zu instruieren und diese sorgsam mit dem kleinen Hund zusammenzuführen. Ein Beispiel: Hunde hören bekanntlich um ein Vielfaches besser als wir Menschen – das womöglich ungewohnt laute Geschrei der Kinder erschreckt einen Welpen. Aber: Obwohl er anfangs womöglich noch verängstigt reagiert, wird er schon bald mit den Kindern gemeinsam lautstark durch den Garten toben. Das richtige Verhalten der Kinder im Umgang mit dem Hund muss gelernt werden, dann werden sie beste Freunde. Im anderen Fall kann es zu großen Miss-

JULIUS-K9

verständnissen und dadurch auch zu unschönen Übergriffen seitens des Hundes kommen. Durch das Zusammenleben mit einem Hund lernen Kinder, andere Lebewesen zu verstehen und zu respektieren. Sie erfahren, wie ein Hund auf ihre Sprache und ihr Verhalten reagiert. Kinder überdenken ihr Verhalten und erkennen, wie wichtig Verlässlichkeit und Ehrlichkeit im Umgang miteinander sind, denn der Hund reagiert direkt auf sie. Vor allem aber lernen sie, Verantwortung für ein Lebewesen zu übernehmen.

Nachfolgend einige Punkte, die Kinder im Umgang mit ihrem kleinen Dackel berücksichtigen sollten:

1. Störe niemals einen Hund beim Fressen und versuche nicht, ihm sein Fressen wegzunehmen.
2. Störe einen Hund nicht beim Schlafen.
3. Schau einem Hund nicht starr in die Augen.
4. Bedränge einen Hund nicht, wenn er sich zurückgezogen hat und dir nicht ausweichen kann.
5. Wenn du mit einem Hund spielst, achte darauf, seinen Zähnen nicht zu nah zu kommen.
6. Nimm dem Hund kein Spielzeug aus dem Maul.
7. Achte darauf, dass ein Erwachsener in der Nähe ist, wenn du mit einem Hund spielen möchtest.

8. Lauf nicht laut schreiend davon, wenn du Angst vor dem Hund bekommst; reiß deine Hände nicht nach oben; beib ruhig stehen.
9. Zieh den Hund nicht an der Rute und tritt nicht auf diese.
10. Respektiere ein Knurren und lass deinen Hund in Ruhe.
11. Behandle einen Hund gut.

Es gibt kaum Schöneres, als Kinder in Begleitung eines Hundes aufwachsen zu sehen und ihnen auf diesem Wege beizubringen, Achtung vor einer Kreatur zu haben. Wir sprachen bis jetzt nur davon, dass ein Welpe bei Ihnen einzieht. Vor allem aus Rücksicht auf Ihre Kinder ist bei der Auswahl eines erwachsenen Dackels mit großer Sorgfalt vorzugehen. Kennen Sie seine Vorgeschichte und können Sie nachvollziehen, dass es sich um ein sehr kinderfreundliches Exemplar handelt, spricht nichts dagegen. Ist dies nicht der Fall, würde ich, vor allem wenn es noch sehr kleine Kinder in der Familie gibt, eher davon abraten. Ein Dackel, der keine Kinder kennt, ist sehr schnell gestresst vom Zusammenleben mit diesen. Auch kleine Hunde können schlimme Verletzungen verursachen. Durch Übergriffe, die meist lediglich auf einem Missverständniss beruhen. Lassen Sie vor allem kleine Kinder nicht mit einem Hund allein! Dies gilt auch im Fall, dass Sie den absoluten Kinderfan unter den Dackeln Ihr Eigen nennen!

Dackel und andere Tiere

Dackel im Rudel

Lebt bereits ein Hund in Ihrem Haus, ist es ratsam, dass das erste Beschnuppern nicht in den eigenen vier Wänden, sondern möglichst in fremdem Territorium stattfindet. So wird der neue Mitbewohner nicht als Eindringling im eigenen Reich wahrgenommen. Handelt es sich bei dem neuen Hund um einen Welpen, ist es nur eine Frage der Zeit, dass sich die beiden verstehen. Zu Problemen kann es erst wieder kommen, wenn dieser nach der Geschlechtsreife versucht, dem älteren Hund die Rangordnung streitig zu machen. Rechnen Sie nicht damit, dass Ihr Hund beim Einzug eines Welpen mit Begeisterung reagiert. Haben Sie deshalb aber auch kein schlechtes Gewissen – Hund Nummer eins wird über kurz oder lang die Vorteile eines Artgenossen zu schätzen wissen. Wie meine Hunde Neuankömmlinge im Welpenalter behandeln, habe ich bereits berichtet – wahrscheinlich machen Sie ähnliche Erfahrungen.

Beim Einzug eines erwachsenen Dackels verhält es sich etwas anders, denn das neue Familienmitglied wird sich nicht zwingend dem alteingesessenen unterordnen. Gerade unter erwachsenen Dackeln ist in manchen Fällen ein gewisser Größenwahn zu beobachten. Vielleicht haben Sie auch schon den Spruch gehört: »Ein Dackel schaut in den Spiegel und sieht einen Löwen …« Hier kommt es auf die Vorgeschichte des Kerlchens an. Holen Sie sich Informationen und Erfahrungswerte von Vorbesitzern oder den im Moment für den Hund Verantwortlichen ein. Ist der neue Hund gut sozialisiert, verträgt er sich mit anderen Hunden. Und können Sie dies auch von Ihrem bisherigen Hund behaupten, sehe ich wenig Probleme. Testen Sie, in eingezäuntem, fremdem Territorium und möglichst ohne Leine, was beide Hunde voneinander halten. Sind

Sie unerfahren, holen Sie sich auch hier Rat von erfahrenen Hundebesitzern oder einem Hundetrainer.

Ab zwei Hunden führen Sie ein Rudel – mit all seinen Gesetzmäßigkeiten. Keine Probleme gibt es in der Regel, wenn Sie Rüde und Hündin zusammen halten. Auch wenn Sie eventuell einen der beiden kastrieren müssen, um Stress während der Läufigkeit oder ungewollten Nachwuchs zu vermeiden. Bei gleichgeschlechtlichen Hunden in einem Rudel rate ich, auf einen Altersabstand von etwa zwei Jahren zu achten. In den meisten Fällen ist aufgrund des Altersunterschieds erst einmal eine Rangfolge festgelegt. Sollten Sie im Besitz einer dominanten Hündin oder eines starken Rüden sein, würde ich darauf achten, dass Hund Nummer zwei von etwas sanfterer Natur ist. Respektieren Sie die Rangfolge, die Ihre Hunde festlegen, selbst wenn Ihr langjähriges Familienmitglied plötzlich auf Rang zwei rutschen sollte. Ihm weiterhin den Vorzug zu geben, nur weil er schon länger bei Ihnen lebt, wäre eine zwar sehr menschliche Reaktion, würde aber die für ein harmonisches Zusammenleben notwendige Hierarchie der beiden Hunde durcheinanderbringen. Wenn es zu Schwierigkeiten kommt, achten Sie darauf, dass Sie nicht bemüht sind, beide gleichzubehandeln. Geben Sie dem Ranghöheren ab und zu demonstrativ den Vorzug, auch wenn es schwerfällt.

Es sieht zwar anfangs häufig nicht danach aus, aber auch Dackel genießen artgleiche Gesellschaft, denn so manches kann der Mensch einfach nicht ersetzen. Häufig werde

ich zu meist unerfahrenen Mehrhundebesitzern gerufen, zwischen deren Hunden plötzlich nicht unerhebliche Rangkämpfe ausgebrochen sind. Natürlich gibt es Konstellationen innerhalb eines Rudels, die automatisch permanente Raufereien zur Folge haben. Diese können nur durch dauerhaftes Trennen der Kontrahenten unterbunden werden. Auch gibt es Hunderassen, die schwieriger im Rudel zu halten sind als andere. In vielen Fällen sind es jedoch wieder wir Menschen, die durch falsche Verhaltensmuster die Rangfolge unserer Hunde stören und somit Rangordnungskämpfe provozieren.

Dackel und Katze

Auch der Stubentiger wird von dem neuen Familienzuwachs in der Regel nicht begeistert sein. Haben wir es mit einem Welpen als Neuankömmling zu tun, sehe ich etwaige Schwierigkeiten ganz alleine von der Katze ausgehen. Ihrem kleinen Dackel können Sie mit Nachdruck klarmachen, dass er die Katze (zumindest fürs Erste) in Ruhe zu lassen hat. Und dies meinen Sie ernst! Schon Hingaffen (in der Fachsprache »Fixieren«) ist beginnendes Jagdverhalten und wird per Höchststrafe verboten! Höchststrafe bedeutet in diesem Fall natürlich keine Bestrafung im direkten Sinn. Bei uns ist es das Kommando »keine Katze« – nicht besonders einfallsreich, aber sehr wirksam. Schaut Ihr Kleiner, erschrocken von der resoluten Stimme, zu Ihnen, wandert postwendend (!) ein Leckerli in sein kleines Maul. Oder ihm wird ein Spielzeug als Belohnung und Katzenalternative angeboten.

Das heißt, Ihr kleiner Jagdhund soll lernen, dass das Fixieren der Katze tabu ist. Natürlich wird er sofort für richtiges Verhalten belohnt. Sind Sie zu langsam, und der Dackel schaut schon wieder zur Katze, während Sie ihm die Belohnung reichen, können Sie sich vielleicht denken, dass falsches Timing zu Missverständnissen führen kann!

Haben Sie eine hunderesistente Samtpfote, ist der Weg geebnet. Das Thema erledigt sich von selbst, wenn die Katze nicht davonläuft. Denn was sich nicht bewegt, wird für unseren kleinen Entdecker nach einiger Zeit uninteressant. Hier sollte man im Zweifelsfall eher den kleinen Dackel in Sicherheit bringen, wenn dieser die stoisch dasitzende Katze zu sehr bedrängt. Vielleicht ist deren Geduld irgendwann doch am Ende, und sie erteilt dem nervigen Eindringling eine gehörige Lektion mit ihren ausgefahrenen Krallen. Auf unserem Hof gab es vor Jahren eine böse Verletzung durch eine Katzenkralle im Auge eines der Hunde. Wobei ich betonen muss, dass dies bei einem wilden Freundschaftsspiel zwischen Bobtail-Dalmatiner-Mischling Hugo und Kater Samson passierte – denn bei uns gibt es keine Feindschaft zwischen Hund und Katz. Wahrscheinlich hat Tollpatsch Hugo wieder einmal etwas übertrieben, und Samson wehrte sich durch einen unglücklich positionierten Schlag in Hugos Auge.

Handelt es sich bei Ihrer Katze eher um ein etwas hysterisches Exemplar, wird die Angelegenheit problematischer. Leider beschließen Katzen im Extremfall auch einen Wohnungswechsel, wenn die Situation in ihren Augen unzumutbar ist. So beachten Sie zwei Dinge: Dackel lernt, Katze in Ruhe zu lassen. Fällt es auch noch so schwer, er muss sich fürs Erste einen anderen Spielkameraden suchen. Und: Katze bekommt eine dackelfreie Rückzugsmöglichkeit in Form eines Zimmers zur Alleinnutzung. Geben Sie ihr alle Zeit der Welt. Bemühen Sie sich nicht ständig um Kontakt zwischen den beiden, aber lassen Sie es auch nicht komplett unversucht. Überlassen Sie es vorrangig Ihrem Stubentiger, wann dieser die ersten neugierigen Kontaktversuche zum Hund unternimmt. So haben Sie die größte Chance auf eine friedliche Dackel-Katz-Kommune. Auch bei widrigsten Ausgangsbedingungen ist es durchaus möglich, dass sich sehr rasch ein Freundschaftsband zwischen Hund und Katze knüpft.

Dackel und Vögel, Nager & Co

Vögel, Nager & Co stellen begehrte Jagdobjekte dar. Dass man selbst mit diesen einen Waffenstillstand vereinbaren kann, müssen auch kleine Dackel lernen. Siehe Bodo und unsere Hühnerschar! Wie wir inzwischen wissen, handelt es sich beim Fixieren des »Beutetieres« bereits um beginnendes Jagdverhalten. Ab dem ersten Zusammentreffen zwischen Hühnern und Dackel wurde von mir ein Kommando eingeführt, das, durch die Vehemenz meiner Stimme, Bodos Blick von den Hühnern erstaunt zu mir wandern ließ. Sofort erhielt der verfressene Kerl eine Belohnung aus meiner Hand. Durch die Leine am Jagen der Hühner gehindert, erfuhr Bodo außerdem nie, wieviel Spaß es machen kann, dem lieben Federvieh hinterherzuwetzen. Also gab er der Belohnung in meiner Hand bald den Vorzug. Er umging die Zurechtweisung und kam beim Anblick der Hühner gleich zu mir gelaufen, um sich seine Belohnung abzuholen. Seit Jahren benötigen wir weder Leine noch Belohnung, und alle leben friedlich zusammen. Man beachte jedoch, dass es immer zu Situationen kommen kann, in denen ein bestimmtes Verhalten der »Beutetiere« Jagdverhalten auslöst. Läuft ein Tier aufgeregt und womöglich noch unter lautem Geschrei davon, kann so mancher Dackel alles Gelernte vergessen.

4. Erziehung und Beschäftigung

Das erste Jahr

In den Wochen und Monaten nach dem Einzug Ihres Dackels wird sich Ihr Leben verändern. Vor allem, wenn Ihr Dackel der erste Hund an Ihrer Seite ist. Es wird wunderschöne und sehr anstrengende Momente geben. Vieles bekommt Ihr Dackel mit in die Wiege gelegt. Aber Lebensraum und -umstände, Umwelteinflüsse und Ihr Umgang mit dem kleinen Hund tragen wesentlich zu seiner weiteren Entwicklung bei. Lassen Sie den kleinen Kerl an Ihrem Leben teilhaben, wann und wo immer es nur geht. Überfordern Sie ihn nicht, aber sparen Sie sich auch nicht zu viel »für später« auf. Die Entwicklung vor allem im ersten Jahr eines Hundes ist rasant.

Genießt Ihr Dackel häufig positiven Umgang mit Fremden, wird er diese immer herzlich willkommen heißen. Gibt es in Ihrem Haus hingegen wenig Besuch, kann es durchaus sein, dass er sich im erwachsenen Alter als wenig freundlicher Gastgeber entpuppt.

Lieben Sie den Einkaufsbummel in der Stadt mit Dackelbegleitung und gewöhnen Ihren Kleinen beizeiten daran, wird er mit Ihnen geduldig durch Einkaufspassagen flanieren – in der Hoffnung auf eine anschließende Entspannungsrunde im Park. Planen Sie beim Sonntagsausflug ein Mittagessen, sollte sich Ihr Dackel unauffällig auf seine Decke unter der Wirtshausbank verziehen. Der Platz auf der Bank wäre ihm natürlich deutlich lieber. Unter Einsatz seines unwiderstehlichen Dackelblicks hat es schon so mancher vierbeinige Stammgast eben dorthin geschafft.

Beim täglichen Spaziergang wird unser Welpe mit den verschiedenen Umweltreizen vertraut gemacht. Gestalten Sie diese altersgemäß. Zehn bis zwanzig Minuten sind für einen kleinen Welpen ausreichend. Hier kommt es auch auf Ihr Tempo an. Beobachten Sie Ihren Kleinen, es

ist ihm anzusehen, wenn er müde wird. Wird er zum Beispiel im Spiel mit anderen Hunden abgelenkt, kennt so mancher Dackelwelpe keine Grenzen – es ist Ihre Verantwortung einzugreifen, wenn es genug ist.

Mit etwa vier Monaten erleben wir den ersten Entwicklungsschritt unseres Welpen zum Junghund. Die kleinen Milchzähne fallen nach und nach aus, und das endgültige Gebiss bricht durch. Mit etwa sechs Monaten dürfte dieses vollständig sein.

Bei Hunden kleiner Rassen ist die Geschlechtsreife mit etwa sieben Monaten abgeschlossen. Das heißt, unser Dackelrüde hat nun vermehrt Interesse an der holden Weiblichkeit, beide Hoden sind deutlich sichtbar. Stolz hebt er sein Bein und pinkelt nicht mehr wie ein Dackel-Mädchen. Die Dackeline kann das erste Mal läufig werden und theoretisch schon Welpen bekommen. Achten Sie auf Ihre kleine Hündin, die Blutung ist meist sehr schwach und wird von Neulingen anfangs gerne übersehen. Das Geschlechtsteil schwillt deutlich an, im Vorfeld setzen Hündinnen vermehrt Urin ab. Sie »markieren« und informieren auf diese Weise an den für sie strategisch wichtigen Punkten sämtliche potenten Hundejungs über die nahende Bereitschaft zur Vereinigung. In der Pubertät gibt einem ein Dackel so manches größere Rätsel auf. Die einen versuchen, mit aller Macht ihren Dickkopf durchzusetzen, alles bereits Gelernte scheint vergessen. Die anderen geraten wegen Lappalien an den Rand eines Nervenzusammenbruchs. Ich kann Sie trösten, Sie sind nicht allein. Bleiben Sie ruhig und geduldig – diese Phase geht vorbei!

Und wann ist unser Dackel erwachsen? Auch wenn in den Büchern geschrieben steht, dass die Vertreter kleiner Hunderassen spätestens mit zwölf Monaten erwachsen sind, möchte ich hier behaupten: So mancher Dackel wird es nie. Wie schön!

Der Dackel – ein Sturkopf?

Allgemein

Dem Dackel wird nachgesagt, er sei schwer zu erziehen. Bevor man den tapferen Kerlen unrecht tut, sollte man sich eines immer wieder bewusst machen: Gerade seine Eigenständigkeit hilft dem kleinen Jagdhund, so manch brenzlige Situation, beispielsweise im Dachsbau, zu überleben. Die so erklärliche Sturheit ist also nicht negativ zu bewerten. Und sie kann auch nicht als Ausrede herangezogen werden, wenn ein Dackel einfach nicht erzogen ist. Jede Hunderasse hat ihre eigenen Charaktermerkmale, auf die man auch in der Erziehung eingehen muss. Dass die Erziehung eines Dackels in manchen Situationen eine besondere Herausforderung darstellt, ist unumstritten.

Unsere Border-Collie-Hündin Point hängt mit fast schon devoter Hingabe an unseren Lippen, um auf keinen Fall eine mögliche Aufgabenstellung zu verpassen. Auch Bodo schaut mir gerne erwartungsfroh in die Augen. Ist er jedoch gerade mit etwas anderem beschäftigt, bedarf es einiger Fantasie und der richtigen Motivation, um ihn davon zu überzeugen, dass es nun Wichtigeres zu tun gibt. Dackel bringen Angefangenes gern zu Ende, bevor sie sich Neuem widmen. Würden Sie Point den Vorzug geben, dann wird Sie ein Dackel immer wieder frustrieren und wäre die falsche Wahl.

Dass Dackel durchaus zu erziehen sind, stellen zahlreiche gut erzogene Vertreter dieser Rasse unter Beweis. Auch meine kleinen Freunde meistern nicht nur am Filmset jede schwierige Anforderung mit Bravour. Barometer für den Spaßfaktor bei der Zusammenarbeit mit uns ist die Rute, die sich dabei immer eifrig hin und her bewegt.

Was erwarte ich von meinem Dackel?

Bei Wikipedia finde ich folgende Definition: »Hundeerziehung ist menschliche Einwirkung auf einen Hund mit dem Ziel, diesem ein möglichst konfliktarmes Leben in der menschlichen Gesellschaft zu ermöglichen und ihn zu befähigen, die von ihm erwarteten spezifischen Aufgaben zu erfüllen. Als Grundlage für eine gelungene Erziehung ist es erforderlich, dass es klare Vorstellungen darüber gibt, was der Hund können soll, dass Handlungen und Aufgaben immer gleich definiert sind und Gewohnheiten ausgebildet werden.« Ich finde, diese kurze Ausführung fasst perfekt zusammen, worauf es ankommt. Die Ansprüche eines Jägers an seinen vierbeinigen Jagdgefährten sind komplett andere als die eines Bauern an seinen Hofhund oder eines Schäfers an seinen Hütehund – oder als die unserer Familie an ihren kleinen Zwergdackel. Selbst hier scheiden sich oft die Geister. Will »Dackel-Frauchen« wirklich das Gleiche wie »Dackel-Herrchen«? Welche Erwartungshaltung habe ich also an meinen Dackel? Wie wird er ein angenehmes Familienmitglied und ein vorzeigbares Mitglied unserer Gesellschaft? Ist es mir wichtig, dass sich unser Dackel prompt auf beiden Pobacken niederlässt, wenn aus meinem Mund das Kommando »Sitz« ertönt. Oder kann er am regennassen Gehsteigrand nicht einfach stehen bleiben, bis wir die freie Fahrbahn überqueren? Manche erfreuen sich daran, dass ihr Dackel ganze Bäume unterhöhlt, andere geraten bei einem Miniaturkratzer im gepflegten englischen Rasen außer Fassung.

Es schadet keinem Dackel, diverse »Grundkommandos« wie »Sitz«, »Platz« und »Bleib« zu beherrschen. Im Gegenteil: Es bedeutet für unsere Vierbeiner mentales Training. Gemeinsam Erarbeitetes macht Spaß und fördert die Bindung zwischen Mensch und Dackel. Eines ist sicher – für ein harmonisches Miteinander sind einige Regeln unabdingbar!

Für die meisten Hundehalter stehen folgende Punkte im Vordergrund:

Der Dackel muss sein Geschäft draußen erledigen (Stubenreinheit) und für eine gewisse Zeit alleine bleiben können. Auch ein Dackel muss zuverlässig zu einem kommen, wenn man ihn ruft. Gute Leinenführigkeit ist Voraussetzung für ein stressfreies Miteinander. Die Jagdleidenschaft unserer Dackel muss kontrollierbar sein. Dazu zählt auch, dass er weder Joggern noch Radfahrern nachläuft und spielende Kinder nicht belästigt. Hetzt unser kleiner Jagdhund mit lautem Gejohle unerlaubt Rehe und Hasen durch die Wälder, verärgert man nicht nur die Jäger, sondern stresst vor allem das Wild. Und auch die Geduld des Besitzers wird über die Maßen strapaziert, wenn er oft stundenlang am Ort der Trennung auf seinen ehrgeizigen Jagdhund warten muss. Das Anspringen von fremden Personen erfreut vielleicht

noch den ein oder anderen Dackelfan. Selbst wenn er nur kleine Pfotenabdrücke auf der Sonntagshose hinterlässt, gewinnt er damit sicher keine neuen Freunde.

Gegenseitige Rücksichtnahme ist angesagt – es gibt sie nun mal, die Menschen, denen der Angstschweiß ausbricht, sobald sie einen Hund am Horizont erspähen. Auch Ihr Unverständnis und die Bemerkung »Der tut nichts, der will nur mal schnüffeln« nimmt dem Spaziergänger nicht die Angst vor dem vermeintlichen Killerdackel. Immer wieder habe ich mit Kindern zu tun, die beim Anblick eines Hundes von Panikattacken heimgesucht werden, weil sie ein traumatisches Erlebnis mit einem Vierbeiner hatten. Es ist ganz natürlich, dass ein Dreijähriger, der plötzlich einem gleichgroßen schwarzen Fellmonster gegenübersteht und dessen heißer Atem ihm ins Gesicht schlägt, einen gehörigen Schrecken davonträgt. Das geöffnete Maul mit zahlreichen blitzenden Zähnen tut da sein Übriges. Springt das Monster den Kleinen auch noch freudig an, meint dieser, sein letztes Stündlein habe geschlagen. Er wird das Erlebte nicht so schnell vergessen. Das muss und darf nicht sein!

Wenn wir mit unseren Dackeln hingegen einem der schon geradezu ideologischen »Freilauf-Anhänger« begegnen, ernten wir oft Unverständnis und unsere Hunde Mitleid. Fast provokant schüttelt man den Kopf darüber, dass der arme Dackel an der Leine neben uns her trotten muss. Derweil kommt die Dogge dieser Hundebesitzer mit wehenden Schlappohren auf uns zugelaufen, die Rufe des Herrchens ignoriert sie natürlich. Mit Vorwurf in der Stimme fragt man uns, warum wir unseren Dackel nicht ableinen, um den Hündchen ein gemeinsames Spiel zu ermöglichen, während wir angestrengt versuchen, unseren Mini auf vier Beinchen zu befreien, den das Kalb im Hundegewand vollständig unter sich begraben hat. Unser kleiner Kumpel hat jedoch möglicherweise gerade seine große Jagdpassion entdeckt und würde einer frischen Hasenfährte mit Sicherheit den Vorzug vor solch einer vermeintlichen Hundefreundschaft geben. Gerade in wildreichen Gegenden muss er also unbedingt an der Leine bleiben. Ganz abgesehen davon bringt das Match

David gegen Goliath für den kleinen der beiden Sparringspartner gewisse Nachteile mit sich. Zumindest physisch ist der Dackel deutlich unterlegen. Es sei denn, wir haben es mit einem rücksichtsvollen Riesen zu tun, der sich auf Dackelebene begibt und nicht ständig mit liebevoll auffordernden Prankenhieben die Wirbelsäule des Zwergs traktiert. Es gilt also nicht nur den Mitmenschen ohne Hund, sondern auch denen mit Hund verständnis- und rücksichtsvoll gegenüberzutreten. Rufen Sie Ihren Dackel zurück, wenn Sie einem anderen Hund an der Leine begegnen.

Natürlich laufen auch meine eigenen Hunde meistens ohne Leine. Jeder Vierbeiner genießt die freie Bewegung in der Natur. Und ich verstehe durchaus, dass viele Hundebesitzer ihren Lieblingen freie Begegnungen mit Gleichartigen ermöglichen möchten. Bei gut sozialisierten Hunden verlaufen diese meist deutlich stressfreier, da sie das Treffen mit ihren Kumpels ohne Begrenzung nach ihren Regeln gestalten können. Von uns häufig unbemerkt, gibt es für unsere Vierbeiner wichtige Signale in der Kommunikation, die bei jedem Aufeinandertreffen gezeigt werden. Beobachtet man deren Körpersprache, Geschwindigkeit der Annäherung, Einhalten der nötigen Distanz und vieles mehr, wird einem bewusst, dass diese Kommunikation durch uns, am anderen Ende der Leine, erheblich gestört wird. Unter anderem ein Grund, weshalb auch unsere Dackel angeleint häufig weniger friedlich reagieren. Geht Ihr »aggressiver Dackel« laut keifend auf jeden anderen Hund los, wenn Sie ihn an der Leine führen? Vielleicht würde er gerne respektvoll einen großen Bogen um seinen Kollegen machen, muss aber mit Ihnen schnurstracks auf diesen zumarschieren. Kein Wunder, dass er brüllt wie ein Löwe, um den anderen darüber hinwegzutäuschen, welch kleiner Zwerg er ist.

Ein alter Irrglaube ist es übrigens, dass wir jedem Hund zu jeder Zeit Freude damit bereiten, wenn wir ihn mit einer möglichst großen Zahl an potenziellen Spielkameraden konfrontieren. Mit zunehmendem Alter werden auch unsere Dackel anspruchsvoller in der Auswahl ihrer Freunde. Und dies hat nichts mit mangelnder Sozialisierung zu tun. Sich immer aufs Neue mit einem unbekannten Gegenüber arrangieren zu müssen, bedeutet in vielen Fällen einfach nur Stress.

Richtige Kommunikation – Körpersprache des Hundes

Es ist sehr wichtig, mit Ihrem Hund auf eine Art und Weise zu kommunizieren, die er auch versteht. Befassen Sie sich näher mit der Körpersprache der Hunde und Sie werden lernen zu erkennen, wann Missverständnisse entstehen. Für uns Menschen ist es beispielsweise eine Geste der Höflichkeit, während einer Unterhaltung den Augenkontakt unseres Gesprächspartners zu suchen. Stehen sich Hunde gegenüber und blicken sich starr in die Augen, bedeutet dies eine eindeutige Kampfansage. Wendet einer dann den Blick ab und dreht sogar den Kopf etwas zur Seite, überbringt er ein Friedensangebot und gibt klein bei. Eine stürmische Begrüßung deuten wir Menschen meist als reine Wiedersehensfreude. Tatsächlich offenbart sie in den meisten Fällen Respektlosigkeit gegenüber unserer Person. Bleibt Ihr Dackel in einiger Entfernung stehen, wenn Sie ihn zum wiederholten Male, inzwischen ziemlich verärgert, zu sich rufen, dann signalisie-

ren Sie ihm durch Ihre Stimmung, Ihnen besser vom Leib zu bleiben.

Muss ich Rudelführer sein?

»Sie müssen der Rudelführer sein« – diese Aussage hören wir ständig. So wird uns vermittelt, dass die Rangordnung in Hundegruppen durch ständigen Kampf beziehungsweise Machtdemonstrationen festgelegt wird und ein Hund immer nach Aufstieg innerhalb einer sozialen Gruppe strebt. Diese Annahme ist schon lange wissenschaftlich widerlegt. Legen Sie, für Ihren Dackel klar ersichtlich, die Regeln des Zusammenlebens fest. Das heißt nicht, dass man nur durch Härte verhindern kann, dass der Hund Ihren Platz einnimmt. Die wenigsten Dackel streben das überhaupt jemals an. Im Gegenteil, grundsätzlich ist Ihr Dackel komplett zufrieden, wenn er ein abwechslungsreiches, aber auch stressfreies Leben an Ihrer Seite führen kann und Sie für seine Grundbedürfnisse, wie Futter und Sicherheit, sorgen. Leider führt unser Verhalten oft dazu, dass dem Kerl gar nichts anderes übrig bleibt, als sich auf seine kurzen Hinterbeine zu stellen und Eigeninitiative zu ergreifen. Unser Verhalten demonstriert ihm nach seinem Verständnis alles andere als Kompetenz. So muss sich der kleine Dackelwelpe nicht erst in Ruhe eingewöhnen. Die Erziehung beginnt mit dem Tag des Einzugs. Dabei denke ich weniger an besagte »Sitz- und Platz-Übungen«. Sie erwarten ja von Ihrem Kleinkind auch nicht das Absolvieren einer Abiturprüfung. Aber Sie freuen sich, sobald es nicht mehr in die Hose pinkelt. Ein kleiner Dackel prägt sich ab dem Tag der Abholung beim Züchter jede Kleinigkeit ein – Welpen sind Beobachtungs-Weltmeister. Und genau Sie stehen ganz oben auf der Liste der Observierungsobjekte. Ist Ihr Ziel, dass Ihr Dackel zuverlässig zu Ihnen kommt, wenn Sie ihn rufen, kann die wöchentliche Übungsstunde in der Hundeschule Anregungen geben. Ob es sich bei Ihnen um eine kompetente Respektsperson handelt, deren Anweisung man tunlichst befolgen sollte, demonstrieren Sie ihm jedoch im täglichen Zusammenleben.

Beachten Sie, dass Sie auf Forderungen des noch unerzogenen Dackels möglichst wenig eingehen. Hierbei differenziere ich zwischen »unverschämt fordern« und »freundlich fragen«. Steht Ihr Dackel laut kläffend vor Ihnen und schmeißt Ihnen sein Spielzeug vor die Füße, ignorieren Sie dies konsequent. Fordern Sie ihn zum Spielen auf, wenn Ihnen danach ist! Legt Ihr Dackel das Spielzeug mit hoffnungsvollem Blick vorsichtig vor Ihre Füße und wedelt freundlich mit der Rute, macht man keinen Fehler, wenn man hin und wieder auf diese Spielaufforderung eingeht.

Bedrängt Sie Ihr Dackel vehement, weil er gestreichelt werden will, ignorieren Sie dies. Fordern Sie ihn auf, zu Ihnen zu kommen, wenn Sie ihn streicheln wollen. Auf eine zärtliche Annäherung darf man sehr wohl eingehen.

Springt Ihr Dackel rücksichtslos an Ihnen hoch, wenn er Sie begrüßen möchte, ignorieren Sie dies ebenfalls. Hat er sich beruhigt und wartet nicht mehr auf Zuwendung, können Sie ihm Beachtung schenken. Eine liebevolle, ruhige Begrüßung ist natürlich nicht verboten.

Wenn ich von konsequentem Ignorieren spreche, meine ich konkret: Der Dackel wird weder angeschaut noch angefasst noch angesprochen. Üben Sie dies bewusst – Sie werden bemerken, wie schwer es anfangs fällt. Selbst ein kurzer Blickkontakt genügt, und Ihr Hund fühlt sich bestärkt und wird es weiter versuchen.

Gemein? Nein: »hündisch«. Ihr unverschämter Dackel erwartet klare Ansagen und kann durchaus mit ihnen umgehen. Diese Verhaltensmuster beobachtet man auch im Hunderudel, und diese Sprache versteht Ihr kleiner Welpe, ohne darunter zu leiden. Einem erwachsenen Hundeflegel gegenüber verhalte ich mich ebenso. Und schon bald ist vieles klarer zwischen uns. Bitte sehen Sie Ihrem Dackel unverschämtes Verhalten nicht nach und registrieren Sie es auch als solches. Natürlich ist er damit allein noch kein gut erzogener Familienhund. Auch ersetzt dies nicht das Training der verschiedenen Grundkommandos. Aber es erleichtert Ihrem Dackel deren Durchführung.

Seien Sie klar und geradlinig. Erlauben Sie Ihrem Welpen in den ersten Tagen nicht, was Sie ihm nach einigen Tagen der Eingewöhnung plötzlich verbieten. Überhäufen Sie ihn allerdings auch nicht mit Verboten, lenken Sie gegebenenfalls sein Interesse um, damit Sie beispielsweise das Signalwort »nein« nicht überstrapazieren.

Überfordern Sie Ihren Welpen nicht, aber setzen Sie konsequent durch, was Sie einfordern!

Muss ich mit meinem Dackel eine Hundeschule besuchen?

Den Besuch einer guten (!) Hundeschule kann ich nur empfehlen. Allerdings ist genaues Hinschauen angesagt: Der Sektor boomt, der Begriff des Hundetrainers ist nicht geschützt, jeder kann sich so nennen. Wenn Sie dem Falschen das Vertrauen schenken, könnte das für Ihren kleinen Freund ungeahnte Folgen haben. In Hundeschulen, deren Trainer das IHK/BHV-Zertifikat »Hundeerzieher und Verhaltensberater« besitzen, sind Sie in der Regel gut aufgehoben! Folgende Voraussetzungen sollte eine gute Hundeschule erfüllen:

- Der Hundetrainer sollte seine Sachkenntnis nachgewiesen und nach § 11 des Tierschutzgesetzes die Genehmigung haben, diese Tätigkeit auszuüben.
- Im Vorfeld dürfen Sie sich jederzeit den Trainingsbetrieb ansehen.
- Vor dem Integrieren in eine Gruppe vereinbart der Trainer immer ein persönliches Kennenlernen und ein kostenloses Probetraining.
- Der Trainer verfügt über langjährige Erfahrung und bildet sich ständig weiter.
- Während des Trainingsbetriebes herrscht eine angenehme, stressfreie Atmosphäre.
- In der Hundeschule wird nur über positive Verstärkung gearbeitet. Gewaltanwendung in Form von zweifelhaften oder gar verbotenen Hilfsmitteln (Würger, Stachelhalsband oder Teletakt) ist tabu!
- Die Hundeschule bietet Einzeltraining, Gruppentraining und auch Training außerhalb der Hundeschule und des Trainingsplatzes an.
- Die Gruppen im Training sind nicht zu groß. Ideal sind bis zu sechs Teilnehmer pro Trainer.
- Im Welpentraining werden große und kleine Hunderassen getrennt, oder es wird sorgsam darauf geachtet, dass die großen Hunde mit den Kleinen achtsam umgehen. Der Trainer kontrolliert das Spiel und greift gegebenenfalls ein.
- In den Welpengruppen wird nicht nur gespielt, die Welpen lernen verschiedene Umweltreize kennen, erste Erziehungsarbeit beginnt.

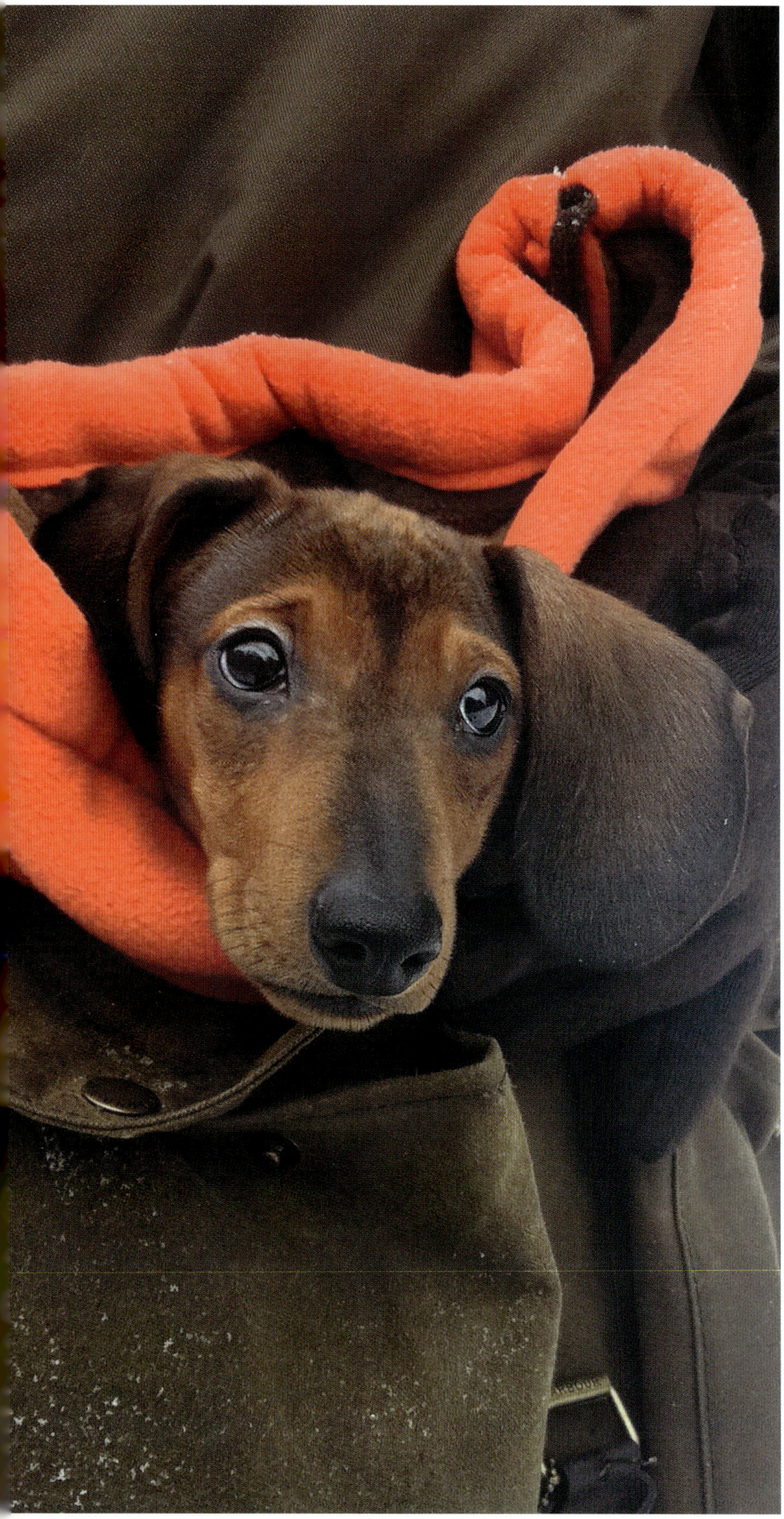

Gute Trainer sind in der Lage, alle Schritte, die sie durchführen, zu erklären und sind immer offen für Rückfragen. Der Mensch und das Wohl des Hundes stehen immer im Vordergrund – niemals der Ehrgeiz, sportliche Leistungen zu vollbringen.
Der Trainer geht auf die Schwächen des Hund-Mensch-Teams ein und löst Schwierigkeiten aktiv. Jeder Mensch und jeder Hund ist ein Individuum.
Achten Sie stets auf Ihr Bauchgefühl! Lassen Sie sich nichts aufzwingen!

Vom Trainer sollten Ihnen Begriffe wie positive und negative Verstärkung, richtiger Einsatz eines Abbruchsignals und mögliches Einsetzen einer »Strafe« kompetent vermittelt werden. Letztere wird in der Hundeerziehung kontrovers diskutiert. Eine Strafe in Form körperlicher Schmerzeinwirkung ist auf jeden Fall tabu! Eine Strafe sollte hingegen dazu führen, dass unerwünschtes Verhalten in Zukunft weniger häufig oder gar nicht mehr gezeigt wird. Will man beim Durchsetzen eines Verbotes eine Strafe einsetzen, muss diese angemessen sein – und zwar nicht der Tat, sondern der Mentalität des Hundes. Das Herunterfallen eines Topfes kann bei einem sensiblen Hund ein Trauma auslösen, während ein anderer nicht einmal aufschaut.

Dem richtigen »Timing« bei der Ausgabe der Futterbelohnung oder beim Einsatz eines Abbruchsignals sollte besondere Beachtung geschenkt werden. Uns Menschen bereitet dies leider massive Probleme. Wir sind einfach viel zu langsam für unsere Vierbeiner. Diese denken im Sekundentakt – und genau in der Sekunde, in der unser Dackel richtiges Verhalten zeigt, muss dieses auch belohnt werden. Kommt das Lob zu spät, kann der Dackel es nicht mehr mit dem richtigen Verhalten verknüpfen und zieht womöglich falsche Schlüsse. Kommt das »Nein«, wenn unser Dackel bereits unerwünschtes Verhalten beendet hat und richtiges Verhalten zeigt, führt dies zu Missverständnissen.

Auch die Leinenführigkeit wird in der Hundeschule trainiert. Dass Dackel lernen, ohne zu ziehen an der Leine zu gehen, ist mir ein wichtiges Anliegen. Schlimm ist für mich der Anblick von vor Anstrengung und fehlender Luft keuchender Hunde, die ihre Besitzer des Weges schleifen. Unvorstellbar, welche Kräfte über Leine und Halsband auf den armen Hundehals einwirken. Ganz abgesehen von den Schultern und Armen der Hundebesitzer. Diese Hunde haben gelernt, durch Ziehen vorwärts und bestenfalls zum Objekt der Begierde zu gelangen. Machen wir uns eines klar: Die Leine ist nicht zum Führen da, sondern hindert unseren Hund lediglich daran wegzulaufen! Gehen Sie sensibel mit der Leine um, zerren Sie Ihren Dackel damit nicht von A nach B! »Geführt« wird der Dackel mit Körpersprache und Stimme. Wichtig ist, dass Sie nicht vergessen, dem kleinen Kerl mitzuteilen, wann Sie sich in Bewegung setzen. Ein leckeres Trainingshäppchen als Motivation und Belohnung, wenn der Welpe folgt, hilft ihm zu begreifen, was wir von ihm wollen. Verweigert Ihr neu eingezogener Dackelwelpe jegliche Form der Kooperation und bewegt er sich in der ungewohnten Umgebung keinen Millimeter vorwärts? Sitzt Ihr Dackelkind bockig an der Haustür und findet keinen Gefallen an einem gemeinsamen Spaziergang? Keine Angst, es handelt sich hier nicht um erste Anzeichen des typischen Dackelsturkopfs. Das Ganze hat einen natürlichen Ursprung. Auch Wolfswelpen vergrößern erst mit zunehmendem Alter den Ausflugsradius um ihre Höhle. Erleichtern Sie Ihrem Welpen die ersten Ausflüge, indem Sie ihn auf den Arm nehmen und erst in einer gewissen Entfernung von Ihrem Zuhause wieder auf die eigenen Beinchen stellen. Ist diese Hemmschwelle genommen, werden Sie sehen, dass sich Ihr Welpe erinnert, dass er bereits des Laufens mächtig ist.

Jagen

Ich kann von Glück sagen, all meine Dackel auch im Wald getrost von der Leine lassen zu können. Es gelingt mir, sie zuverlässig vom Wild abzurufen, und sie bleiben immer in meiner Nähe. Auch eine verheißungsvoll duftende Spur kann sie davon nicht abbringen. Sie haben gelernt, sich anständig zu benehmen. Verlassen sie den Waldweg, um im Gebüsch zu stöbern, ertönt ein resolutes »Raus da«. Führe sie nicht in Versuchung, denn dort wimmelt es vor Überraschungen. Wird der Abstand zu mir zu groß, rufe ich sie zurück. Der Weg bietet ausreichend Möglichkeiten, umherzuschnüffeln und zu toben, und ich habe die Mannschaft im Blick. Funktioniert dies mit einem Hund nicht, kommt er an die Schleppleine, bevor er außer Kontrolle gerät. Haben Sie massive Probleme mit dem Jagdeifer Ihres Dackels, empfehle ich ein konsequentes Antijagdtraining. Hier wird nicht willkürlich und mit Gewalt der natürliche Trieb Ihres Dackels unterdrückt, sondern in erträgliche Bahnen gelenkt. Fachfrau auf diesem Gebiet ist Ariane Ullrich, die ein lehrreiches Buch mit dem Titel »Antijagdtraining« verfasst hat.

Hundeführerschein

Haben Sie Spaß daran, die Veranlagung Ihres Dackels zu fördern und diesen jagdlich auszubilden, gibt es Kurse des Jagdverbandes, an denen Sie mit Ihrem Hund auch als Nichtjäger teilnehmen können. Vielerorts werden Kurse mit dem Ziel, den Hundeführerschein zu erlangen, angeboten. Es gibt hierfür noch kein deutschlandweites, offizielles Reglement, und die Anforderungen können sich geringfügig unterscheiden. Ziel ist immer ein alltagstauglicher Dackel, der nicht nur seinem Besitzer viel Freude bereitet. Hundebesitzer werden

auf ihr fundiertes Wissen rund um den Hund geprüft und erhalten nach bestandener Prüfung einen Sachkundenachweis. Zu empfehlen sind Kurse des BHV (Berufsverband der Hundeerzieher/innen und Verhaltensberater/innen e. V.) oder des VDH (Verein für das Deutsche Hundewesen). Eine bundesweit einheitliche Sachkundeprüfung für Hundehalter und -interessierte gibt es unter www.doq-test.de. In den Bundesländern existieren verschiedene Hundeverordnungen. Wenig tangiert davon sind bis jetzt unsere Dackel. Allerdings ist in Berlin 2015 ein neues Hundegesetz verabschiedet worden. Dies sieht unter anderem eine generelle Leinenpflicht vor. Es sei denn, Halterin oder Halter haben einen Hundeführerschein (offiziell Sachkundenachweis genannt).

Begleithundeprüfung

In vielen Hundevereinen wird ein Kurs mit dem Abschluss einer bundesweit einheitlichen Begleithundeprüfung angeboten. Der Unterschied zum Hundeführerschein besteht darin, dass die Begleithundeprüfung vorrangig eine hundesportvorbereitende Prüfung ist, während unser Dackel beim Hundeführerschein optimal auf den Alltag und unsere Umwelt vorbereitet wird. Die Begleithundeprüfung ist Voraussetzung für die Teilnahme an verschiedenen Hundesport-Wettkämpfen (wie z. B. Agility-Turnieren). Auch der Deutsche Teckel Klub (DTK 1888 e. V.) bietet neben anderen Kursen speziell für Dackel und deren Besitzer eine Begleithundeprüfung an. Was Sie hier im Einzelnen erwartet, können Sie im Internet nachlesen (siehe Anhang: »Zum Nachlesen«).

Sinnvolle Beschäftigung

Wie kann ich den grauen Alltag meines Familiendackels bunter gestalten? Welche Alternativen kann ich ihm anbieten, wenn er seiner Jagdpassion nicht nachkommen darf? Hier muss man eines festhalten: Es ist nicht nötig, ein »Dackel-Unterhaltungsprogramm« für den kompletten Tag zu erstellen. Ein ausgelasteter Hund verbringt einen großen Teil des Tages mit dem für ihn ebenso wichtigen Herumliegen und Ruhen. Ausgedehnte »Reviergänge«, wenn möglich mit Freilauf oder zumindest an der langen Schleppleine, und ausreichend Möglichkeit zum Schnüffeln und Markieren sollten einen weiteren Teil des Tages ausmachen. Immer der gleiche Weg ist langweilig, ändern Sie ab und zu die Route. Können Sie Ihren Dackel nicht von der Leine lassen, bieten Sie ihm regelmäßig Freilauf auf einem größeren, eingezäunten Grundstück. Gestalten Sie Spaziergänge abwechslungsreicher, indem Sie kleine Übungssequenzen einbauen oder eine Futterfährte legen. Ein Teil seines Futters kann sich der Dackel über Übungen mit dem Futterbeutel erarbeiten. Finden Sie selbst Spaß daran, Ihrem kleinen Freund den ein oder anderen lustigen Trick beizubringen, werden Sie bemerken, dass auch Ihr Hund mit Eifer dabei ist. Beim Mantrailing begibt sich Ihr Dackel auf die Suche nach vermissten Personen – seiner Veranlagung, eine Fährte zu verfolgen, kommt dies sehr entgegen. Hundeschulen bieten zahlreiche Kurse an, um einen Hund alternativ auszulasten. Auf der Internetseite www.spass-mit-hund.de finden Sie ebenfalls eine Vielfalt an Ideen.

5.
Gesundheit und Pflege

Gesundheit

Der Dackel zählt zu den eher robusten Hunderassen. Für seine Gesundheit sind zwar nicht ausschließlich seine Erbanlagen verantwortlich, aber natürlich sollte man darauf achten, dass ein Züchter nur absolut gesunde Hunde in der Zucht einsetzt. Eine gesunde Lebensweise mit einer guten, ausgewogenen Ernährung, ausreichend Bewegung und mentaler Auslastung tragen in einem hohen Maße zur Gesundheit der Dackel bei. Wenn Sie Ihr Kraftpaket in die Rolle eines Couch-Potatoes und Fastfood-Fressers zwingen, dann dürfen Sie sich nicht wundern, wenn sich über kurz oder lang so manche Zivilisationskrankheit bemerkbar macht. Durch diverse Vorsorgemaßnahmen können Sie verschiedenen Krankheiten vorbeugen.

Bewegung

Ausreichend Bewegung an der frischen Luft stärkt Herz, Kreislaufsystem und Bewegungsapparat von Dackel und Besitzer. Die normale Fortbewegungsgeschwindigkeit auf langen Distanzen ist langsames Traben. Gemütlich durch den Park trotten ist zwar ein abwechslungsreicher Nasenschmaus oder vielleicht noch ausreichend für einen alten Hund. Für junge Dackel ist die Möglichkeit zum ausgelassenen Toben und Rennen aber genauso wichtig wie die Verfolgung der verschiedensten Duftspuren.

Ernährung

Du bist, was du isst – dies gilt auch für unsere vierbeinigen Lieblinge. Das Angebot ist vielfältig und macht es uns nicht leicht. Schon die immer neu auf uns einflutenden Trends und verschiedenen Ernährungsphilosophien für den Menschen sind für manch einen Verunsicherung genug. Der neue Mitbewohner stellt uns vor weitere Schwierigkeiten. Ich habe zu diesem Thema in den letzten Jahren etliche Seminare anerkannter Fachleute besucht, um mir einen umfassenden Überblick zu verschaffen. Das Resümee: Zehn Referenten, zehn Meinungen. Also habe ich meine eigene Philosophie entwickelt. Basierend auf meinen Kenntnissen davon, aus welchen Grundbausteinen die Ernährung eines Hundes bestehen sollte, und abgestimmt auf die Aktivität und das Alter jedes einzelnen Hundes, bin ich damit bis jetzt sehr gut gefahren. Obwohl selbst unsere Dackel faszinierende Gemeinsamkeiten mit dem Urvater Wolf aufweisen, hat die Domestizierung des Hundes zu Veränderungen bezüglich der Verdauungstätigkeit, des Stoffwechsels und des Ernährungsbedarfs geführt. Man kann die Lebenssituation des Hundes nicht mehr mit der des frei lebenden Wolfes vergleichen. Unsere Hunde genießen regelmäßige Versorgung mit Futter und Medikamenten, sie leben in der Regel in einem sicheren Umfeld. Das Leben des Wolfes ist dagegen vom täglichen Überlebenskampf und mit diesem einhergehender körperlicher Dauerbelastung geprägt. Natürlich benötigt auch der Dackel Fleisch oder andere tierische Eiweißträger, um seinen Grundbedarf an Nährstoffen zu decken. Ein Zuviel an Eiweiß kann jedoch schnell zu Stoffwechselproblemen führen. Des Weiteren muss die Nahrung einen bestimmten Anteil an Kohlehydraten (wenig Getreide, vor allem Gemüse) beinhalten. Sie sind notwendig für eine stoffwechselverträgliche Energieversorgung des Körpers. Der Wolf nimmt dies in vorverdauter Form über den Magen-Darm-Inhalt der Beutetiere auf.

Sie haben die Möglichkeit, Ihren Dackel mit Trockenfutter, Nassfutter (Dosen) oder rohem beziehungsweise gekochtem Fleisch zu ernähren. Wenn Sie sich die Mühe machen wollen, eine ausgewogene Ernährung mit Fleisch, Getreide und Gemüse selbst zusammenzustellen, sollten Sie die Variante der Roh-Fütterung (»barfen« – von »BARF«, »Bones and Raw Food«, »Knochen und rohes Futter«) bevorzugen. Roh bleiben dem Hund weitaus mehr wertvolle Inhaltsstoffe erhalten. Täglich ein Brocken rohes Fleisch stärkt nicht nur die Kaumuskulatur und wirkt Zahnstein entgegen, auch der Magen-Darm-Trakt wird mit der abwechslungsreichen Rohkost angemessen ausgelastet. So mancher hat Sorge, dass er seinen Dackel beim Barfen aus Unkenntnis womöglich nicht ausgewogen ernährt. Natürlich ist diese Ernährungsform nur dann uneingeschränkt zu empfehlen, wenn man sich im Vorfeld ausreichend informiert. Doch wie handhaben Sie es mit Ihrer eigenen Ernährung? Legen Sie hier auch jedes Vitaminchen auf die Goldwaage? Wer sich näher mit diesem Thema befassen will, kann aus einer Viel-

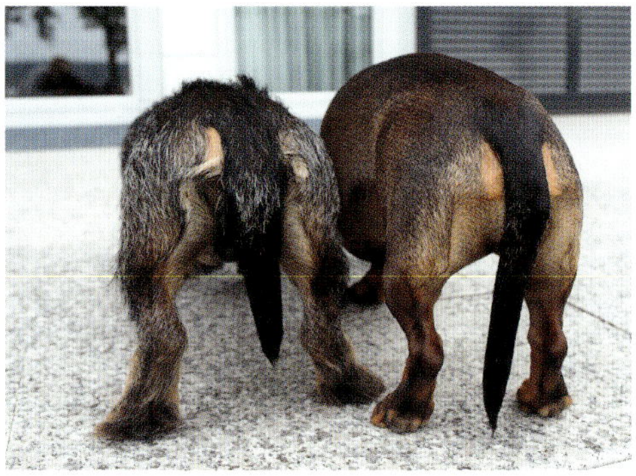

zahl an Büchern wählen. Allerdings scheint aus den verschiedensten Gründen nicht jeder Hund diese Art der Ernährung optimal zu vertragen.

Eine hochwertige Nass- oder Trockennahrung versorgt unseren Dackel in optimaler Zusammensetzung mit allem, was dieser für eine ausgewogene Ernährung benötigt. Gegner dieser Ernährungsform monieren, dass sich die einseitige Konsistenz des Futters über Jahre hinweg nicht unbedingt positiv auf den Magen-Darm-Trakt auswirkt. Der Markt hält eine große Zahl an verschiedenen Futtersorten für Sie bereit. Achten Sie auf einen möglichst hohen Fleischanteil und die Verarbeitung von hochwertigen Produkten. In minderwertigem Trocken-, aber auch Nassfutter können sich Abfallprodukte befinden, die ich meinem Hund auf keinen Fall zumuten möchte. Die Deklarationen der Inhaltsstoffe sind teilweise irreführend, das Internet bietet inzwischen die Möglichkeit, sich ausführlicher zu informieren.

Parasiten

Hunde sind generell anfällig für verschiedene Arten von Parasiten. Dazu zählen Flöhe, Zecken und Milben im Fell beziehungsweise auf der Haut unseres Dackels sowie verschiedene Wurmarten im Magen-Darm-Trakt. Eine regelmäßige Behandlung gegen Würmer ist beim jungen Dackel zu empfehlen, gerade wenn dieser intensiven Kontakt zu Kindern hat. Im Gegensatz zu älteren Hunden, die Resistenzen gegen diese lästigen Mitbewohner im Darm bilden, infiziert sich der Welpe sehr schnell durch Schnüffeln an fremden Kothaufen, Fressen von Mäusen oder intensiven Kontakt mit anderen Hunden und Katzen. Auf Kinder werden die Würmer dann durch inniges Spiel oder Schmusen übertragen. Regelmäßiges Händewaschen nach Kuscheleinheiten mit dem Dackel und vor dem Essen beugt vor. Zu Hysterie besteht allerdings kein Anlass. Auch hier gilt: Eine gesunde Einstellung in Sachen Sauberkeit schadet nicht. Hund und Kind mit dem Desinfektionsspray zu verfolgen wirkt sich in jeglicher Hinsicht negativ auf beide aus. Meine

Kinder sind, trotz vieler Hunde, in einem sauberen, gepflegten Haushalt groß geworden. Nach einem Tag draußen mit den Tieren hätten sie allerdings die idealen Darsteller in einer Waschmittelwerbung abgegeben. Das bisschen Dreck hat aber nie geschadet, von irgendwelchen Parasiten sind sie trotz engem Kontakt zu den Tieren nie heimgesucht worden. Beim erwachsenen Dackel macht eine regelmäßige Kotuntersuchung Sinn, um gezielt gegen womöglich vorhandene Würmer vorzugehen. Es bleibt Ihnen selbst überlassen, ob Sie versuchen wollen, durch Futterzusätze wie zum Beispiel Knoblauch die Plagegeister von vornherein abzuschrecken.

Weitere Darmparasiten sind Einzeller, wie Giardien oder Kokzidien. Sie verursachen hässliche, teils blutige Durchfälle. Bringen Sie eine Kotprobe zum Tierarzt. Er wird schnell Abhilfe schaffen können.

Kommt Ihr Dackel nach jedem Spaziergang mit zahlreichen Zecken im Fell nach Hause, helfen nur Vorbeugemaßnahmen, um einen weiteren Befall zu reduzieren. Unseren kleinen Hund regelmäßig mit einer Mini-Portion Gift zu versehen, macht mich nicht glücklich. Doch muss man in diesem Fall abwägen, was ihm und auch uns in höherem Maße Schaden zufügt. Zecken sind bekannt als Überträger diverser gefürchteter Krankheiten. Beim Tierarzt oder im Internet erhalten Sie Hinweise auf Arzneimittel, die Sie Ihrem Dackel vorbeugend gegen Zecken- und gleichzeitig wirksam gegen Flohbefall ins Fell träufeln können. Auch ich entschließe mich manchmal zu einer derartigen Maßnahme. Die vom Hersteller empfohlenen kurzen zeitlichen Abstände bei der Verabreichung halte ich allerdings nicht ein. Ich versuche, bei einem geringen Zeckenbefall mit konservativer Methode dagegen vorzugehen. So untersuche ich meine Hunde nach jedem Spaziergang und entferne die unerwünschten Gäste. Hat sich eine Zecke bereits in die Haut Ihres Dackels verbissen, schaffen es nur Geübte, diese ohne Zeckenzange zu eliminieren. Manche schwören auf hübsche Bernsteinketten, die sie ihrem Dackel um den Hals hängen. Ob sich dadurch Zecken wirklich abschrecken lassen, ist nicht bewiesen.

Haben sich Flöhe auf Ihrem Dackel niedergelassen, ist das noch lang kein Grund zur Panik. Das kommt in den besten Hundefamilien vor. Aber man sollte postwendend dagegen vorgehen. Wurde ein Floh entdeckt, kann man davon ausgehen, dass dieser viele Freunde im Schlepptau hat. Intensives Kratzen und Knabbern mit den Vorderzähnen im Fell kann auf Flöhe hindeuten. In einem solchen Fall sollten Sie zum Flohkamm greifen. Wenn Sie nach ausgiebigem Kämmen an diesem dunkle Punkte erkennen, handelt es sich mit großer Wahrscheinlichkeit um Flohkot. Wie gegen Zecken bieten der Handel oder Ihr Tierarzt Mittel, um die Parasiten zu vernichten. Dass man Körbchen, Decken und Stellen, an denen sich Ihr Dackel gerne aufhält, regelmäßig reinigt, sollte selbstverständlich sein. Hier befinden sich bei Flohbefall mit Sicherheit zahlreiche Larven der lästigen Tierchen. Abhilfe verschafft ein spezielles Spray, reinigen alleine hilft meist nicht.

Bemerkt man ein auffälliges Schütteln der Ohren, dunklen Ohrenschmutz oder gerötete äußere Gehörgänge bei seinem Dackel, kann das verschiedene Ursachen haben. Man sollte auf jeden Fall den Gehörgang vom Tierarzt untersuchen lassen. Es kann sich um eine Entzündung handeln, aber auch um Ohrmilben. Auch hiergegen gibt es ein Medi-

kament. Die Räudemilbe nistet sich bei einem Dackel aus gutem Haus selten ein. Sie muss aber auf jeden Fall vom Tierarzt behandelt werden, da sie auf Mensch und Tier übertragbar ist. Intensiv juckende, teilweise kahle Stellen im Fell können ein Hinweis auf den Befall sein. Ein kreisrunder kahler Fleck im Fell Ihres Dackels kann auf einen Pilzbefall deuten. Ab zum Tierarzt mit dem kleinen Kerl, denn das Ganze ist ansteckend.

Impfung

Die jährliche Impfung ist schon vor geraumer Zeit ins Kreuzfeuer der Kritik geraten. Geimpft wird mit einem Cocktail gegen Parvovirose, Leptospirose, Staupe, Hepatitis, Parainfluenza, Tollwut und gegebenenfalls Zwingerhusten. Beim Welpen beginnt man mit der sogenannten Grundimmunisierung bereits beim Züchter. In festgesetzten zeitlichen Abständen wird diese dann vom Tierarzt des neuen Dackelbesitzers fortgesetzt. Ist sie abgeschlossen, wird eine jährliche Wiederholung nahegelegt. Die bis vor Kurzem noch jährlich empfohlene Tollwutimpfung ist inzwischen in dreijährigem Turnus möglich. Laut neuester Erkenntnisse verhält es sich mit der Impfung gegen Parvovirose, Staupe und Hepatitis ebenso. Demzufolge sollte nur noch die Impfung gegen Leptospirose und Parainfluenza im jährlichen Rhythmus erfolgen.

Informieren Sie sich bei Reisen ins Ausland rechtzeitig. Manche Länder schreiben vor, dass bei Einreise mit Hund dessen letzte Tollwutimpfung längstens ein Jahr (!) zurückliegen darf. In anderen Ländern gelten weitere Einreisebestimmungen für Hunde. Bedenken Sie, dass die letzte Impfung in den meisten Fällen mindesten vier Wochen alt sein muss, da man dann erst davon ausgehen kann, dass ein entsprechender Impf-Titer aufgebaut wurde. Die Befürworter der regelmäßigen Impfungen geben zu Recht zu bedenken, dass auf diese Weise gegen schwerwiegende und sehr ansteckende Erkrankungen vorgebeugt werden kann. Nicht nur einmal musste ich mit ansehen, wie ein kompletter Wurf Hundewelpen, ungeimpft im Tierheim angekommen, eine Parvovirose-Infektion nicht überlebte. Impf-Kritiker wenden ein, dass unsere Hunde auch mit größeren Impfabständen gegen diverse Krankheiten ausreichend geschützt seien. Die geringen Impfabstände könnten dem Organismus eher Schaden zufügen. Jeder Hundehalter sollte selbstverantwortlich für sich und seinen Dackel handeln, ohne dabei die Mitverantwortung für andere Hunde in unserer Gesellschaft zu vergessen. Informieren Sie sich umfassend, suchen Sie sich einen guten Tierarzt und hinterfragen Sie dessen Vorschläge. Dann werden Sie die richtigen Entscheidungen treffen.

Zähne, Augen, Ohren, Haut

In welchem Ausmaß Ihr Dackel zu Zahnstein neigt, ist genetisch bedingt. Fütterung und Beanspruchung der Zähne tun ihr Übriges. Die tägliche Pflege der Zähne wurde bereits angesprochen. Nahezu jeder ältere Dackel hat Zahnstein. Dieser kann zu schmerzhaften Zahnfleischentzündungen führen. Derartige Entzündungsherde können Ausgangpunkt für eine Ausbreitung von Bakterien im Körper sein, die in anderen Organen wie Nieren oder Herzklappen Schäden verursachen. Ein unangenehmer Geruch aus dem Maul und feste, gelbe bis hellbraune Beläge auf den Zähnen, besonders am Zahnhals, sind Anzeichen für Zahnstein und Zahnfleischentzündungen. Übermäßiger Zahnstein sollte vom Tierarzt entfernt werden.

Ab und zu neigen unsere Dackel zu Erkrankungen am Auge, wie Netzhaut- und Hornhautproblemen. Häufig handelt es sich auch nur um eine Bindehautentzündung. Ein gesunder Dackel hat glänzende Augen, in denen sich seine große Lebensfreude spiegelt. Sind diese trüb und befindet sich an ihnen gelblich bis grüner Ausfluss oder ist die Bindehaut stark gerötet, sollten Sie den Tierarzt aufsuchen.

In den Behängen unserer Dackel können sich nicht nur Ohrmilben einnisten. Häufiges Schütteln der Ohren kann ebenso der Hinweis auf eine Entzündung des Gehörganges sein. Dann ist eine deutliche Rötung in der Ohrmuschel zu erkennen. Ein Tierarztbesuch schafft Gewissheit.

Hautprobleme bei Dackeln können unterschiedliche Ursachen haben. Sie bemerken, dass sich Ihr Hund vermehrt an bestimmten Stellen kratzt oder beißt, das Fell scheint ungepflegt und die Haut darunter ist womöglich gerötet? Eine genaue Diagnose kann Ihr Tierarzt stellen: Parasiten, wie Flöhe oder Milben, wären eine Möglichkeit. Ein Medikament für die Haut verscheucht diese Plagegeister. Aber auch eine Futtermittel-Allergie kann der Grund sein. Leider ist es meist der ein oder andere Zusatz, vorrangig in minderwertigen Futtermitteln, der Allergien auslöst. Beugen Sie am besten durch eine hochwertige Ernährung vor und sparen Sie hier nicht an der falschen Stelle.

Macht Ihr Dackel einen außergewöhnlich matten Eindruck, zieht er sich zurück, frisst womöglich nicht, rate ich ebenfalls zum Tierarztbesuch. Ein Fieberthermometer habe ich immer zur Hand und messe schon mal die Temperatur meines kleinen Patienten. Diese gibt mir oftmals Aufschluss darüber, ob es sich womöglich um eine schwerwiegendere Erkrankung handelt. Die normale Körpertemperatur unserer Hunde ist höher als die des Menschen – sie beträgt 38,5 Grad Celsius. Eine trockene Hundenase gibt nur unzureichend Auskunft.

Bewegungsapparat

Auch Verletzungen des Bewegungsapparats, wie zum Beispiel länger anhaltende Lahmheit, sollten vom Tierarzt in Augenschein genommen werden. Hat sich Ihr Kleiner beim Spiel vertreten und humpelt kurzzeitig, muss man nicht gleich in Panik verfallen. Wie bei Kindern auch, rennt Ihr Dackel meist nach kurzer Zeit schon wieder schmerzfrei durch die Gegend.

Dackellähme

Bedingt durch ihren Körperbau (langer Rücken auf kurzen Beinen) sind unsere Dackel leider anfällig für Bandscheibenschäden, im herkömmlichen Sprachgebrauch auch »Dackellähme« oder mit dem Fachausdruck »Diskopathie« genannt. Gute Züchter beziehen dieses Kriterium bei der Auswahl ihrer Zuchttiere mit ein. Viele Bandscheibenschäden sind genetischen Ursprungs. Die Erkrankung beginnt mit Verkalkungen zwischen den Wirbeln, im Endstadium tritt eine völlige Lähmung der Hintergliedmaßen ein. Rechtzeitig behandelt, ist die Krankheit zwar nicht heilbar, aber schwerwiegende Folgen können verhindert oder eventuell durch eine Operation wieder beseitigt werden. Schmerzen und Lahmheit sind ein deutliches Alarmzeichen. Durch Überlastung, wie zum Beispiel Treppensteigen, kann ein Krankheitsausbruch beschleunigt werden.

Auch unser kleiner Star Bodo konnte seine Hinterbeine eines Tages nur noch mit Müh und Not bewegen. Ein Spezialist stellte einen Defekt an einer Bandscheibe fest. Trotz intensiver Bemühungen, ihn mit alternativen Methoden zu behandeln, musste Bodo operiert werden. Osteopathie, Akupunktur, Blutegelbehandlungen und Physiotherapie inklusive gezielter Schwimmübungen im warmen Wasser halfen Bodo im wahrsten Sinne des Wortes wieder auf die Beine. Heute erinnert uns eine Narbe auf seinem Rücken an diese für alle Beteiligten schlimme Zeit. Aber Bodo hat seine Lebensfreude und seine Beweglichkeit wieder, und wir hoffen, uns bleibt unser Komiker auf kurzen Beinen noch sehr lange so agil erhalten.

Obwohl wir all unsere Hunde gesund und ausgewogen ernähren und ihnen ausreichend Bewegung verschaffen, konnten wir Bodos Erkrankung nicht verhindern. Wir achten darauf, dass unsere Dackel nicht hoch springen und verhindern übermäßiges Treppensteigen. Außerdem ist uns die gute Figur unserer Vierbeiner aus vielerlei Gründen sehr wichtig. Dass sich Übergewicht gerade bei Hunden im Dackelformat extrem negativ auswirkt, kann man sich denken. Somit versuchen wir alles, eine Extrembeanspruchung der Bandscheiben zu vermeiden.

Zoulo ist als Gummiball im Dackelgewand auf die Welt gekommen. So sehr wir uns auch bemühten, wir konnten ihr Temperament, vor allem in jungen Jahren, oft nicht im Zaum halten. Es hätte mich nicht verwundert, wenn bei einem ihrer wilden Sprünge eine Bandscheibe gleich mit herausgesprungen wäre. Ich drücke ganz fest die Daumen, dass Zoulo keine genetische Disposition für diese Erkrankung in sich trägt. Die alte Dame zeigt uns täglich, dass sie noch nicht zum alten Eisen zählt.

Scheinträchtigkeit

Eine hormonelle Störung, unter der so manche Dackelhündin leidet, ist die Scheinträchtigkeit. In vielen Fällen schwellen nach der Läufigkeit die Milchleisten an, in Extremfällen gibt die Hündin zum Geburtstermin ihrer eingebildeten Kinder sogar Milch. Wenn sie Nester baut und die Kuscheltiere der Familie darin sammelt, leidet nicht nur die eingebildete Dackelmutter darunter. Häufig helfen homöopathische Arzneimittel. Der Tierarzt entscheidet, ob eine Kastration der Hündin notwendig ist.

Kryptorchismus

Immer wieder kommt es beim Rüden vor, dass einer oder beide Hoden nicht in den Hodensack absteigen und sich in Leiste oder Bauchhöhle befinden. Hier herrscht eine höhere Umgebungstemperatur als im Hodensack, und es besteht die Gefahr der Entartung der Hoden. Der Tierarzt empfiehlt in der Regel eine Entfernung dieser Hoden oder rät zu einer regelmäßigen Kontrolle mit Ultraschall.

Sicher bekommen Sie bald einen Blick dafür, ob Ihr Dackelchen ernsthaft erkrankt ist. Unerfahrenen Hundebesitzern rate ich, lieber einmal zu viel den Tierarzt aufzusuchen. Ich oute mich hier auch als Anhänger der alternativen Medizin. In vielen Fällen hat sie meinen Hunden geholfen, wieder gesund zu werden. Ich verlasse mich auf eine erfahrene Heilpraktikerin, die sich der Grenzen ihrer Heilmethoden bewusst ist. Im Idealfall arbeiten Heilpraktiker und Tierarzt Hand in Hand – zum Wohle unserer Tiere!

Pflege

Die Fellpflege eines Dackels nimmt, je nach Haarart, mehr oder weniger Zeit in Anspruch. Während meine Kurzhaardackel die Massage und Pflege mit einem Gumminoppen-Handschuh lieben, geht so manchem Langhaardackel das Gerupfe mit der Bürste ziemlich auf die Nerven. Ich beginne bereits meine Welpen an die sanfte Berührung durch die Bürste zu gewöhnen. Mit der Zeit tolerieren selbst große Freigeister und sensible Mimosen die tägliche Pflege sämtlicher Körperteile mit stoischer Gelassenheit. Fällt es beim Kurzhaardackel nicht ins Gewicht, wenn man das Bürsten mal vergisst, beginnt das feine Fell des Langhaardackels etwa unter den Achseln schnell zu verfilzen. Leider bleiben auch die mit weichem Fell ausgestatteten Rauhaardackel davon nicht verschont.

Die Pfoten sollten bei der Fellpflege auf keinen Fall vergessen werden. Auch zwischen Ballen und Zehen befinden sich Haare. Lassen wir diese zu lang und zu dicht wachsen, verfangen sich darin Unmengen von Schmutz. Im Winter bilden sich Eisklumpen, die den Hund beim Laufen stören.

Die Partien um Anus und Geschlechtsteile wäscht man, zumindest wenn Ihr Dackel diese nicht selbst sauber hält, ab und zu mit einem nassen weichen Lappen. Verklebte und verfilzte Haare kann man vorsichtig mit einer Schere entfernen. Leichter Ausfluss ist in den meisten Fällen unbedenklich. Sollten Sie sich an diese Stellen nicht selbst mit der Schere wagen, empfehle ich einen Besuch beim Hundefriseur. Das Komplett-Pflegeprogramm beinhaltet nicht nur »Waschen, Schneiden, Fönen«. Auf Wunsch schneidet der Friseur die Krallen wie auch störende und verklebte Haare in den Gehörgängen und an den intimsten Regionen Ihres Dackels. Da es

sich nicht um einen Pudel handelt, gilt das Hauptaugenmerk der Funktionalität, modische Trends können vernachlässigt werden.

Trimmen

Ich gebe gerade Besitzern von Rauhaardackeln zu bedenken, dass diese im Normalfall mit einem Fell ausgestattet sind, welches regelmäßig getrimmt werden sollte. So bleibt das robuste, harte Haar dieser bärtigen Gesellen auch weiterhin erhalten. So ein Naturbursche im Hundesalon – gewisse Kreise tendieren hier zum Aufschrei. Aber glauben Sie mir, Ihr Dackel wird es Ihnen danken! Die abgestorbenen Haare werden durch eine bestimmte Technik, für den Hund komplett schmerzfrei, entfernt, und die Haut kann wieder besser atmen. Nicht selten begegnen mir geschorene Rauhaardackel – der sichere Weg, zumindest das zum Trimmen bestimmte harte Fell zu ruinieren. Ein Hundefriseur, der seinen Job versteht, bringt auch den Bart in Form. Und schon schaut er wieder schneidig aus, unser rauhaariger Kamerad.

Baden

Der pH-Wert der Haut des Hundes unterscheidet sich gravierend von dem des Menschen. Bitte kommen Sie nicht auf die Idee, Ihr parfümiertes Haarshampoo gegen den am Hund haftenden Geruch nach stinkendem Fisch anzuwen-

den. Sie würden damit die natürliche Fettschicht auf Haut und Fell zerstören. Diese schützt Ihren Dackel vor Witterungseinflüssen wie Regen und Kälte. Sollte ein Bad inklusive Shampoo nicht zu vermeiden sein, benutzen Sie ein spezielles Hundeshampoo. Beliebt mache ich mich dadurch bei keinem meiner Vierbeiner. Den Dreck entferne ich häufig nur mit warmem Wasser. Das kratzt offensichtlich geringfügig weniger an deren Würde. Wie schreibt doch Christian Brandes so schön: »Eine Badewanne ist für einen Hund nicht einfach ein notwendiger Akt der Hygiene. Vielmehr versteht der Hund darunter den Raub der Seele, einen Missbrauch der Identität. All der schöne Gestank muss dem Nichts weichen, zurück bleibt eine aseptische Hülle, die erst wieder durch unterschiedliche Hundehaufen gewühlt werden muss.«
Ein wahrer Hundeversteher!

Augen, Ohren, Anus

Den farblosen Augenausfluss, der sich über Nacht bei unseren Dackeln angesammelt hat, kann man am Morgen mit einem weichen Tuch entfernen. Nicht nur Katzen, sondern auch viele Hunde reinigen sich ihre Augen selbst, indem sie mit den Pfoten darüber fahren und diese dann sorgsam ablecken. Andere lassen reinigen, wie Filmstar Bodo, dessen Augen jeden Morgen von Zoulo mit großer Hingabe gesäubert werden. Bodo hält still und genießt die Huldigung seitens seiner Gefährtin.

Dackel haben lange Schlappohren. Eine oft unzureichende Belüftung, einhergehend mit starker Verschmutzung, kann die Folge sein. Man betrachte im Gegensatz dazu die Ohren eines Schäferhundes (oder Wolfes). Säubern Sie regelmäßig die äußeren Gehörgänge Ihres kleinen Langohrs mit einem weichen, feuchten Tuch und entfernen Sie Haare, die den Gehörgang verkleben.

Die Analdrüsen am After unserer Dackel entleeren sich normalerweise während des Kotabsetzens. Es ist nicht ungewöhnlich, dass der ein oder andere Hund damit ein Problem hat. Seine Analdrüsen verstopfen und müssen vom Tierarzt entleert werden. Rutscht Ihr Dackel auf dem Hinterteil durch die Gegend, kann dies ein Hinweis darauf sein, dass wieder mal ein Besuch beim Arzt fällig ist. Für feine Hundenasen ist der Geruch während des Entleerens offensichtlich kein Problem. So mancher Hundebesitzer hingegen ist einer Ohnmacht nahe.

6.
Letzte Fragen

Showtime

Hat Ihr Dackel das Zeug zur Teilnahme an »Germany's next Topdackel«? Haben Sie Lust, mit Ihrem besonders gelungenen Exemplar gegen andere Dackelschönheiten anzutreten? Auf nationalen und internationalen Ausstellungen bietet sich diese Möglichkeit. Gerade für Züchter sind diese Ausstellungen nach wie vor eine wichtige Plattform, um ihre Hunde zu zeigen und von unabhängigen Richtern bewerten zu lassen. Hier wird entschieden, ob ein Dackel nach offiziellen Richtlinien Nachkommen zeugen darf. Diese Wettbewerbe bieten inzwischen aber auch privaten Dackelbesitzern die Möglichkeit, ihren Hund einem Richter vorzustellen. Auch wenn in Ihren Augen Ihr Herzensdackel sämtliche Konkurrenz vom Laufsteg fegt, ist nicht jede Dackeline eine Claudia Schiffer auf kurzen Beinchen. Sehr zu meinem Erstaunen menschelt es auf diversen dieser Veranstaltungen ganz gehörig. So mancher Dackelbesitzer neigt zu Ehrgeiz und heftigem Konkurrenzdenken. Je kleiner die Veranstaltung, umso gemütlicher ist in der Regel die Atmosphäre. Eine regionale Clubschau kann sich durchaus als bereicherndes Erlebnis für die komplette Familie samt Dackel herausstellen. Erfahrungsaustausch mit anderen Dackelbesitzern inklusive. Auf großen internationalen Ausstellungen werden Hunde aller Rassen gerichtet (hier geht es u. a. um das CACIB, das »Certificat d'Aptitude au Championat International de Beauté«, die Anwartschaft für den Titel »Internationaler Schönheitschampion«). Bevor man sich entscheidet, seinen Dackel zu melden, würde ich eine solche Veranstaltung erst einmal ohne Hund besuchen. Viele Hunde auf engem Raum, Massen an Besuchern und teilweise gestresste Hundebesitzer sind nur für starke Dackelnerven eine willkommene Abwechslung. Für Dackelbesitzer in spe bietet eine derartige Ausstellung eine gute Informationsquelle, da sie hier über die Züchter

der Rasse und deren Hunde einen breit gefächerten Eindruck erhalten.

Sollte Ihr Dackel in den meisten Punkten dem Standard entsprechen und eine Ahnentafel eines der FCI angeschlossenen Rassehundvereine haben, erfüllt er die Voraussetzungen zur Teilnahme an einer Clubschau des Deutschen Teckel Clubs oder einer CACIB-Ausstellung. Nationale Schauen und sogenannte Spezialzuchtschauen kann jeder der FCI angeschlossene Hundeklub veranstalten. Auch hier werden Titel und Anwartschaften (diesmal das CAC, die Anwartschaft für den Titel »Deutscher Schönheitschampion«) auf das jeweilige Championat vergeben. Mit mehreren Anwartschaften in der Tasche wird Ihr kleiner Dackel nationaler oder internationaler Schönheitschampion. In welcher Klasse gestartet wird, unterliegt einem strengem Reglement und richtet sich unter anderem nach Geschlecht und Alter: In der Jüngstenklasse starten Dackel zwischen sechs und neun Monaten, in der Jugendklasse zwischen neun und achtzehn Monaten. In die offene Klasse kann ein Dackel ab fünfzehn Monaten gemeldet werden. In eine Zwischenklasse (zwischen fünfzehn bis 24 Monaten) können Sie Ihren Dackel melden, wenn es sich bei ihm zum Beispiel um einen Spätentwickler handelt, der mit den anderen Hunden in der offenen Klasse noch nicht konkurrieren kann. In der Gebrauchshundeklasse (ab fünfzehn Monate) darf Ihr Dackel nur starten, wenn er eine bestandene Gebrauchsprüfung nachweisen kann. Laut DTK 1888 e. V. reichen hier Schussfestigkeitsnachweis (möglichst geringe Reaktion auf Knallen und Schüsse), bestandener Wassertest und bestandene Spurlaut- und Schweißprüfung allein nicht aus. Bis zum Tag des offiziellen Meldeschlusses muss das erforderliche Leistungs-/Ausbildungskennzeichen bestätigt worden sein. Für eine Meldung in der Championsklasse muss Ihr Dackel entweder »Nationaler oder Internationaler Schönheitschampion«, »Deutscher Champion VDH«, »Bundessieger«, »Europasieger« oder »Weltsieger« sein. Unsere Senioren können ihre Schönheit noch einmal in der Veteranenklasse ab acht Jahren unter Beweis stellen.

Da es bei diesen Wettbewerben vor allem auf das äußere Erscheinungsbild Ihres zukünftigen Mister World ankommt, sollte man nur mit einem gepflegten Dackel in den Ring steigen. Auch vierbeinige Landpomeranzen wurden möglichst an größere Menschenansammlungen gewöhnt und lassen sich von ihren Konkurrenten im Idealfall nicht zu sehr aus der Ruhe bringen. Denn diese folgen ihnen, im wahrsten Sinne des Wortes, dicht auf den Fersen, wenn der Richter das Gangwerk der Hunde begutachtet. Runde für Runde laufen Dackel samt Besitzer durch den Ring, bis die Entscheidung für den schönsten fällt. Vorher wird das Gebäude jedes Hundes genau betrachtet. Ein schneller Griff von hinten an die Heiligtümer jedes Dackelmachos sollte von diesem genauso toleriert werden wie ein Blick ins Gebiss. Der Richter kontrolliert, ob beides vollständig vorhanden ist. Zu Hause im Vorfeld zu üben, macht also Sinn, inklusive dem zügigen Laufen (Traben) an der Leine. Professionell ausgestattet sind Sie mit einer speziellen Vorführleine. Lassen Sie sich im besten Fall von erfahrenen Ausstellern zeigen, wie Sie Ihren Dackel optimal präsentieren. Wird ein Hund gut vorgestellt, kommen seine Vorzüge besser zur Geltung. Schon das allein kann sich positiv auf die Gesamtwertung auswirken.

Der Richter sollte jeden einzelnen Hund nach bestem Wissen und Gewissen beurteilen. Aber natürlich ist eine solche Wertung letztlich subjektiv. Wie man weiß, sind

Geschmäcker, auch die der Richter, verschieden. Das Urteil ist allerdings unanfechtbar. Nach dem Motto: »Dabei sein ist alles«, macht es so manchen Dackelbesitzer schon froh, seinen ganzen Stolz präsentieren zu können. Andere streben nach Höherem und rühmen sich, Clubsieger, nationale oder internationale Dackelchampions bis hin zum Weltsieger ihr Eigen zu nennen. Wenn unsere »Mini Memoar Copacabana« mit stolz geschwellter Dackelbrust und hocherhobenen Hauptes durch den Ring trabt, bin ich mir nicht ganz sicher, was in ihrem hübschen Köpfchen gerade vor sich geht. Eines weiß ich aber doch – sie würde einem ausgedehnten Spaziergang durch Wälder und Felder bestimmt den Vorzug geben. Dackelladylike genießt sie jedoch auch vor dem Richter die Aufmerksamkeit und ihren adligen Namen. Sie weiß, spätestens zu Hause legt sie letzteren ab und kann als Kiki ihren astralen Körper bis zum Anschlag in einen Maulwurfhaufen tauchen.

Zucht oder Kastration?

Muss ich mit meiner Hündin einen Wurf machen?

Nein, nein und nochmals nein. Wenn Sie nicht ernsthaftes Interesse daran haben sollten, ins Zuchtgeschehen einzusteigen, überlassen Sie dies bitte den Profis. Einen guten Züchter zeichnet ein immenses Wissen über Rasse, Genetik, Verhalten, Aufzucht der Welpen und vieles mehr aus. Als Laie macht man sich keine Vorstellung, mit welchen Mühen und welchem Zeitaufwand es verbunden ist, eine Hündin in der Zucht einzusetzen. Weder für Psyche noch Physis Ihrer Dackelhündin besteht die Notwendigkeit, dass diese einmal Welpen bekommt. Auch im Wolfsrudel vermehren sich nur die ranghöchsten Tiere. Alle anderen Wölfinnen gehen leer aus und erleiden trotzdem keinen seelischen Schaden. Leider sind unsere Rassehunde nicht mehr frei von diversen Erbkrankheiten. Die Vermehrung unüberlegt zu fördern, womöglich noch mit Nachbars Wastl, weil dieser gerade willig ist, halte ich für gewissenloses Handeln.

Ein Kapitel dieses Buches reicht nicht aus, ernsthaft Interessierte umfassend und kompetent zu informieren. Jeder Halter sollte sich der großen Verantwortung bewusst sein. Zuchtwarte der Rassezuchtverbände, Züchter und entsprechende Fachliteratur helfen weiter. Voraussetzung dafür, um einen wirklich hervorragenden Dackel in der Zucht einzusetzen, ist der Besuch einiger Ausstellungen. Die Beurteilungen der Richter und seit Kurzem das erfolgreiche Absolvieren der Begleithundeprüfung entscheiden, ob Ihr Dackel zur Zucht zugelassen wird. Schönheit allein ist nicht ausschlaggebend. Ein korrekter Körperbau zum Beispiel ist Voraussetzung für einen gesunden Bewegungsablauf. Missbildungen, wie etwa eine Knickrute, werden weitervererbt und können der Rasse, das heißt dem vorgeschriebenen Bild von ihr, insgesamt erheblichen Schaden

zufügen. Als Dackelkäufer wollen Sie sichergehen, einen gesunden Welpen zu erwerben. Mit der gewissenhaften Auswahl der Elterntiere schafft der Züchter dafür die Voraussetzungen.

Kastration?

Die Frage, ob ein Rüde oder eine Hündin kastriert werden sollen, bietet immer wieder Anlass zu Diskussionen. Ich möchte zuerst auf § 6 des Tierschutzgesetzes hinweisen, in dem festgelegt ist, dass die Kastration von Hunden (männlichen und weiblichen Geschlechts) ebenso wie das Kupieren von Ohren und Ruten und das Entfernen der Wolfskrallen unter das Amputationsverbot fällt und nur aus medizinischen Gründen vorgenommen werden darf. Der Wunsch des Tierbesitzers ist dafür nicht ausreichend, eine Kastration in einem solchen Fall also illegal.

Bei der Kastration der Hündin werden die Eierstöcke und meist auch die Gebärmutter entfernt. Damit werden das Fortpflanzungsverhalten unterbunden und die unterschiedlichsten Krankheitsbilder vermieden, die Folgen hormoneller Störungen sind. Vorteile sind: Eine kastrierte Dackeline ist nicht mehr ihren hormonellen Schwankungen unterworfen und zeigt ein ausgeglichenes, aktives Verhalten. Eine frühe Kastration kann (!) Gesäugeleistenkrebs und andere Tumorerkrankungen verhindern. Eine etwaige Aggressivität gegen andere Hündinnen wird in der Regel reduziert. Nachteile dagegen wären folgende: Bei etwa einem Drittel aller Hündinnen langhaariger Rassen verändert sich das Fell. Beim Kurzhaardackel kann es zu Haarverlust an den Flanken kommen. Bei etwa einem Viertel aller Hündinnen tritt Inkontinenz auf, vor allem, wenn die Kastration im fortgeschrittenen Alter durchgeführt wurde. Dies kann allerdings durch Medikamente unter Kontrolle gebracht werden.

Die Kastration des Rüden zielt auf die Unterbindung des Fortpflanzungsverhaltens und darauf, Spätfolgen hormoneller Störungen zu vermeiden. Durch einen verhältnismäßig harmlosen Eingriff werden beide Hoden chirurgisch entfernt. Von Tierärzten immer häufiger vorgenommen wird die »chemische Kastration« beim Rüden. Hierbei wird ein Chip unter die Haut im Nacken des Hundes eingesetzt. Dieser enthält den Wirkstoff Deslorelin. Er wird über sechs beziehungsweise zwölf Monate hinweg kontinuierlich in niedriger Dosis in den Körper des Hundes abgegeben. Das führt zu einer vorübergehenden Unfruchtbarkeit und zur Reduzierung des Sexualverhaltens, ohne dass eine Operation durchgeführt werden muss.

Viele kastrierte Dackel (egal ob männlich oder weiblich) haben größeren Hunger als zuvor. Bei zu wenig Bewegung und falscher Ernährung kann es durchaus zu der befürchteten Gewichtszunahme kommen. Widerstehen Sie beim Öffnen der Kühlschranktür dem berühmten Dackelblick – der Figur und der Gesundheit Ihres Hundes zuliebe.

Der Irrglaube, dass vor allem die Kastration des Rüden ein Wundermittel gegen Verhaltensprobleme sei, ist weitverbreitet. Gerade beim Rüden ist der Testosteronspiegel nur in den seltensten Fällen die Ursache für Verhaltensprobleme. Tanzt Ihnen Ihr Dackelflegel zu sehr auf der Nase herum, legen Sie ihn nicht gleich unters Messer. Ein Gang zum kompetenten Tiertrainer oder Verhaltenstherapeuten für Hunde macht weitaus mehr Sinn.

Der Dackel, mein Jagdgefährte

Darüber, dass die Geschichte des Teckels, so heißt der kleine Hund bei Jägern, schon über zweitausend Jahre zurückreicht, konnten Sie im Kapitel »Eine kleine Kulturgeschichte« einiges lesen.

Bereits in der Antike wurde die besondere Jagdfertigkeit des Teckels erkannt. Im Mittelalter war der Bedarf an kleinen Nutzhunden, die unter der Erde agieren und Füchse und Dachse jagen konnten, groß. Für die mehrheitlich bäuerlich geprägte Gesellschaft dieser Zeit waren Füchse und Dachse, die Hühner und Enten rissen und fraßen, ein großes Problem. Da dieses Raubwild unter der Erde lebte, konnten die Jäger es nicht erlegen. Gefragt waren deshalb Jagdhunde mit kurzen Beinen zum Graben und zur schnellen Fortbewegung unter der Erde.

Die Eigenschaften, die den Teckel zum vorbildlichen Jäger machen, sind zahlreich. Besonders hervorzuheben ist sein eigenwilliger Charakter. Er gilt als wesensfest und verfolgt Spuren mit Entschlossenheit und großer Beharrlichkeit. Dieser besondere Spurwillen und sein guter und gewissenhafter Laut machten den Dackel schon für Generationen von Jägern zum idealen Stöberhund. Der Teckel verfügt über die vorzügliche Eigenschaft der Langsamkeit: Da der kleine Hund als lästig, aber nicht als gefährlich wahrgenommen wird, löst er beim Wild keine Fluchtreflexe aus. Auch verhält er sich gegenüber dem wehrhaften Wild äußerst vorsichtig, was ihn sicher vor Verletzungen schützt.

Jeder, der Gelegenheit hatte, bei einer Drückjagd einen Teckel zu beobachten, der mit glänzendem Spurlaut Schalenwild, wie zum Beispiel Rehwild, Schwarzwild oder Rotwild, das langsam in leicht trabendem Tempo aus der Dichtung des Waldes gedrückt wird, dabei manchmal kurz stehen bleibt und damit dem wartenden Jäger Zeit zum Ansprechen und zur sauberen

Schussabgabe gibt, wird nachvollziehen können, was diesen kleinen Hund auszeichnet. Wild, das geräuschvoll und ebenso bedächtig wie gemächlich verfolgt wird, kündigt sich uns Jägern, wie wir es in der Jägersprache nennen, mit »Geläut« an, und es kreuzt vor dem anstehenden Jäger »kontrolliert« auf.

Die große Eigenständigkeit des Teckels bedeutet auch, dass eine Jagd grundsätzlich erst dann zu Ende ist, wenn dieser es für sinnvoll und passend erachtet. Und dies ist eine beim Jäger äußerst willkommene Eigenschaft. Seine Wesensart wurde dem Hund sogar in vielen Generationen bewusst angezüchtet. Der Teckel setzt dem angeschossenen und verletzten Wild oft über Stunden nach, stellt es mit Standlaut und macht dabei zur Not auch vor Reviergrenzen keinen Halt. Der Hundeführer muss darauf mit Gelassenheit und Ruhe reagieren. Ein gutes GPS-System, das die Ortung des Stöberers ermöglicht und an der Halsung des Hundes befestigt ist, hilft dabei sehr.

Ein weiterer großer Einsatzbereich des Teckels ist die Baujagd, also die Jagd unter der Erde auf Fuchs, Dachs und inzwischen auch auf Marderhund und Waschbär. Diese beiden Arten sind in unsere Breitengrade zugewandert. Baujagd ist eine sehr aktive Jagd und neben dem Ansitz auf Raubwild und der Fallenjagd eine sehr wirksame und bewährte Methode für den Jäger, seiner Hegeverpflichtung nachzukommen und damit für Artenschutz und Niederwildhege zu sorgen.

Bei guter Eignung ist der Teckel der perfekte Gebrauchshund. Eine Frühprägung im Welpenalter und die Einarbeitung als Junghund sorgen dafür, dass man einen Hund mit einem »großen, mutigen Herz« an seiner Seite hat, mit dem die Bodenjagd eine Bereicherung und Freude ist. Sein Jagdverstand ist beeindruckend, denn er analysiert und spezifiziert sehr genau zwischen der Stöberarbeit über oder unter Tage. Er geht bei der Baujagd also nicht in die nächste Dickung und stöbert und verschwindet nicht unter der Erde, wenn er stöbern soll. Er weiß genau, wann er welche Arbeit zu erledigen hat. Eine solche Fähigkeit zur Differenzierung hat Seltenheitswert und zeugt von der besonderen Schlauheit des Hundes.

In unserer heutigen Zeit, in der die Reviere kleiner und so die Jagdmöglichkeiten für den einzelnen Jäger immer geringer werden, wird der Jagdteckel als kleinster Jagdgebrauchshund immer wichtiger. Der, wie oben beschrieben, besonders spurwillige und spurlaute kleine Jäger ist ein bewundernswerter Stöberhund für die geräuschvolle Jagd. Hier zeichnet ihn seine äußerst feine Nase aus, die auch seine außerordentliche Leistung auf der Wundfährte möglich macht. Seine Jagdpassion ist immens. Es ist ihm eine große Freude, selbst aus tiefem Wasser geschossenes Federwild

und geschossene Kaninchen aus dichtestem Dornendickicht herbeizuholen. Auch auf der Hasenspur, die keine Bodenverwundung hervorruft wie etwa das Schalenwild, welches Trittsiegel hinterlässt, überzeugt er durch eine sehr gute Spur- und Fährtenfähigkeit. Dies gilt für alle Teckelrassen, aber im Besonderen für jene, die aus jagdlich gezogenen Linien stammen. Mit gründlicher Einarbeitung des Junghundes – mit einigen Hunden gelingt diese Arbeit auch im Alter noch – kann man sich einen zuverlässigen Fährtenarbeiter für Totsuchen ausbilden.

Für jeden Jäger bedeutet es ein wahres Glück, einen solchen treuen und selbstbewussten Jagdgefährten an seiner Seite zu haben!

AIGLE
AIGLE

Der alte Dackel

Ein alter Hund ist etwas ganz Besonderes für mich. Die gesamte Weisheit seines Lebens spiegelt sich in dessen Ausdruck. Wie sehr wünsche ich allen Hundesenioren glückliche letzte Jahre und ein würdevolles Ende. Der Anblick unendlich trauriger Augen eines alten Hundes im Zwinger eines Tierheimes tut mir in der Seele weh. Wie sehr würde es dieser genießen, seine alten Knochen in weiche, warme Kissen zu betten und von liebevollen Menschen bis zu seinem letzten Atemzug begleitet zu werden.

Die Schnauze wird grau, die Augen trüb, die Ohren lassen nach und das Aufstehen fällt dem alten Dackel nicht mehr ganz so leicht. Auf dem Spaziergang benötigt man für die gleiche Strecke nun etwas länger. Es ist nicht nur von den Erbanlagen abhängig, wann man die ersten Anzeichen bemerkt. Hat unser Powerpaket ein ausgefülltes, gesundes und aktives Leben geführt, macht sich dies natürlich auch im Alter bemerkbar. Hat man seinen Dackel weder physisch noch psychisch fit gehalten, ist es nicht verwunderlich, wenn dieser schneller altert. Selbst ein körperlich und geistig reger Bodo war allerdings vor einer genetisch bedingten Erkrankung wie der Dackellähme nicht gefeit. Dennoch sind unsere beiden Dackelsenioren mit zwölf und dreizehn Jahren auf allen Spaziergängen ganz vorn dabei. Ich bin der Überzeugung, dies wäre nicht der Fall, hätten sie einen Großteil ihres bisherigen Lebens auf der Couch verschlafen. Obwohl Zoulo ein Jahr älter und im Gesicht bereits komplett ergraut ist, hat sie Bodo einiges an körperlicher Fitness voraus. Bei diesem zeigen sich erste weiße Härchen nur an der feinen Spitze seiner kleinen Schnauze. Dafür stellen wir fest, dass seine Ohren nicht mehr die besten sind und seine Augen ein trüber Schimmer überzieht. Ein Hinweis darauf, dass seine Sehkraft langsam nach-

lässt. Dieses bereitet einem alten Hund zum Glück meist keine Probleme. Selbst eine komplette Erblindung beeinträchtigt einen Dackel oft weniger, als wir Menschen annehmen. Vor allem im häuslichen Bereich und auf vertrauten Spaziergängen bewegen sich blinde Vierbeiner faszinierend sicher. Natürlich bedürfen sie nun umso mehr unseres Schutzes. In für sie nicht erkennbaren, womöglich gefährlichen Situationen sollten wir sie zu ihrer eigenen Sicherheit an der Leine führen.

Wenn Dackel älter werden, stellen sie an Pflege und Fütterung höhere Anforderungen. Mit zunehmendem Alter lässt die Fähigkeit nach, körperlichen und seelischen Stress zu bewältigen. Nehmen Sie deshalb sowohl im Alltag als auch im Urlaub auf die Gewohnheiten Ihres alten Dackels Rücksicht. Alterungsprozesse beim Hund können sich durch zunehmende Inaktivität, Verlust der Stubenreinheit, veränderte Schlafgewohnheiten sowie eine gewisse Desorientierung bemerkbar machen. Viele dieser Veränderungen entwickeln sich schleichend. Beobachten Sie Ihren alten vierbeinigen Freund aufmerksam und sprechen Sie über eventuelle Veränderungen und entsprechende Maßnahmen mit Ihrem Tierarzt.

Auch Fellveränderungen können ein Indiz fortschreitenden Alters sein. Mit den Jahren kann das Haarkleid feiner oder struppiger werden und an Glanz verlieren. Die Haut von alten Hunden wird derber und unelastischer. Regelmäßiges Bürsten pflegt das Fell, massiert die Haut und fördert dadurch die Durchblutung. Fellpflege ist deshalb gerade beim alten Dackel umso wichtiger. Er wird es Ihnen danken und die tägliche Massage als sehr angenehm empfinden. Achten Sie beim Bürsten darauf, ob Sie in der Haut Knötchen oder Knoten fühlen. Ist das der Fall, sollten Sie diese Ihrem Tierarzt zeigen. Bei rechtzeitiger Erkennung und Behandlung können viele Tumore als unbedenklich eingestuft oder erfolgreich entfernt werden. Ebenso wichtig wie die Fellpflege ist die regelmäßige Kontrolle und Pflege der Zähne. Nahezu alle alten Dackel haben Zahnstein. Dieser kann zu schmerzhaften Zahnfleischentzündungen führen. Übermäßiger Zahnstein sollte vom Tierarzt entfernt werden.

Ein alter Dackel bewegt sich weniger, entsprechend nimmt seine Muskelmasse mit zunehmendem Alter ab. Deshalb braucht er weniger Energiezufuhr im Futter als in jungen Jahren. Übergewicht ist bei alten Dackeln leider ein häufiges Problem. Es führt zu einer zusätzlichen Belastung von Knochen, Gelenken und dem Herz-Kreislauf-System. Um Übergewicht zu vermeiden, sollte gegebenenfalls die Futtermenge sowie der Fettgehalt im Futter reduziert werden.

Art und Umfang der Bewegung müssen nun an seine individuelle Fitness und seine Bedürfnisse angepasst werden. Ideal sind mehrere kleine Spaziergänge pro Tag mit gleichbleibender Belastung. Bei heißem und schwülem Klima sollte man mit einem alten Hund in den kühleren Abend- und Morgenstunden seine Runden drehen.

Viele Jahre war er an Ihrer Seite, vielleicht war er die Ursache für einige graue Haare auf Ihrem Kopf. Aber wenn Sie zurückdenken, hatten Sie eine wundervolle Zeit mit Ihrem Dackel. Lassen Sie ihn nun los, wenn er gehen möchte. Und erleichtern Sie ihm diesen Gang, falls er leidet. Das sind Sie Ihrem vierbeinigen Herzensbrecher schuldig! Danke, dass es dich gab, kleiner Dackel!

Zum Nachlesen

Empfehlenswerte Bücher

Günther Bloch, Elli H. Radinger, *Wölfisch für Hundehalter – Von Alpha, Dominanz und anderen populären Irrtümern*, 2010

Ursula Breuer, Monika Schaal, *Hundeverhalten – erkennen und verstehen*, 2006

Ursula Breuer, Monika Schaal, *Komm zu mir! (Die Hundeschule)*, 2008

Ursula Breuer, Monika Schaal, *Gastfreundlich? – So gewöhnen Sie Ihren Hund an Besuch (Die Hundeschule)*, 2012

Petra Führmann, Nicole Hoefs, *Was liest der Hund am Laternenpfahl? 140 Fragen und Antworten rund um den Hund*, 2007

Lynn Hesel, *Apportierspiele: Dummyarbeit Schritt für Schritt*, 2009

Patricia McConnell, Aimee M. Moore, *Die Hundegrundschule. Ein Sechs-Wochen-Lernprogramm*, 2008

Patricia B. McConnell, *Das andere Ende der Leine – Was unseren Umgang mit Hunden bestimmt*, 2009

Maria Rehberger, Melanie Schneider, *Mantrailing – Nasenarbeit für den Familienhund*, 2014

Monika Schaal, Ursula Daugschieß-Thumm, *Lockere Leine (Die Hundeschule)*, 2015

Viviane Theby, Michaela Hares, *Das große Schnüffelbuch: Nasenspiele für Hunde*, 2013

Ariane Ullrich, Pia Göring, *Antijagdtraining*, 2012

Jürgen Zentek, *Hunde richtig füttern*, 2012

Der Bildband von Davis Douglas Duncan, *Picasso & Lump. A Dachshund's Odyssey* ist leider nicht in deutscher Übersetzung erschienen. Das englische Original ist nur noch antiquarisch erhältlich.

Einige nützliche Webseiten

Wenn Sie mehr über meine Arbeit erfahren möchten, schauen Sie doch unter www.filmtiertraining.de nach.
Allgemeine Informationen und Aktuelles aus der Welt der Dackel finden Sie auf der Seite des Deutschen Teckelklub 1888 e. V.: www.dtk1888.de.
Bei vielen Fragen, unter anderem auch bei der Suche nach einem geeigneten Züchter, hilft die Webseite des Verbands für das Deutsche Hundewesen: www.vdh.de.
Dackel, die ein neues Zuhause suchen, findet man auf www.teckel-in-not.de.
Informationen über die Begleithundeprüfung finden Sie unter www.dtk1888.de/begleithundepruefung.
Bei der Suche nach einem geeigneten Hundetrainer oder einer Hundeschule hilft die Seite des BHV (Berufsverband der Hundeerzieher/innen und Verhaltensberater/innen e. V.): www.bhv-net.de.
Nützliche Informationen zu den Inhaltsstoffen von Hundefutter finden Sie beispielsweise hier: www.tiermedizinportal.de.
Allgemeine Informationen insbesondere über den Aspekt der artgerechten Haltung und Pflege des Hundes finden Sie hier: www.artgerecht-tier.de/index/hunde
Ein interessantes Forum zum Austausch von Fragen und Informationen zu allen Aspekten der Hundehaltung finden Sie hier: www.polar-chat.de/hunde
Erste Informationen zu allen Fragen rund um die Gesundheit Ihres Hundes finden Sie hier: www.gesundehunde.com/forum

Die auf Seite 51 genannten Rassestandards können Sie sich als Pdf unter www.dtk1888.de unter dem Schlagwort »Rassestandard« herunterladen.

Und schließlich: Falls Sie neugierig sind, welche Berühmtheiten dem Dackelfieber verfallen sind, amüsieren Sie sich auf www.ilovedachshunds.org; auch sehr spannend: www.dackelblick.wordpress.com

Dank

Dackel sind anders! Jeder, der selber einen solch lustigen, kleinen Kerl an seiner Seite hat, kann dies sicher bestätigen.
Und ein Buch über Dackel gelingt nur mit der Unterstützung zahlreicher Dackelbesitzer und ihrer dackeligen Models. Diese Unterstützung verbunden mit viel Enthusiasmus und Hingabe habe ich durch viele Dackelhalter erfahren, dafür ein ganz dickes Dankeschön!

An erster Stelle möchte ich Monika und Ewald Heiss mit ihrer Zucht »Von Bretano« nennen. Danke für eure immerwährende Bereitschaft, mir eure Hunde als Models anzuvertrauen. Die Bretano-Dackel sind auf den Seiten 22, 24/25, 34, 49, 52, 65, 66, 70/71, 76, 82, 83, 84, 119, 166, 168/169 zu sehen.
Alexandra Wunsch-Momberger: danke für deine Freundschaft und dafür, dass ich euren Hunter fotografisch durch sein Leben begleiten darf. Die Fotos von Hunter von Bretano sind auf den Seiten 16, 17, 18, 19, 116, 127, 132, 136, 166, 167 und auf dem Cover zu sehen.
Weiter danke ich:
Yvonne Vetter mit ihren drei Kurzhaardackeln, Eddy, Vicky und Debbie, hier auf den Seiten 3/4, 26, 39, 42, 44, 97, 159;
Edith Lodes-Nowotny mit ihren zwei kleinen Langhaardackeln auf den Seiten 9, 21, 38, 52, 114, 115, 142, 143;
Michael Heyn mit seiner Aimy auf Seite 14;
Tanja Heyn mit Brownie auf Seite 14 und 28;
Chantal Wegner und ihrer Yette auf den Seiten 16, 23, 51, 92/93, 131.

Ganz besonders erwähnen möchte ich auch Stefanie Linden mit ihrer Quitte, so schnell ihr in mein Leben gekommen seid, so schön ist es, dass es euch gibt; Quitte ist auf den Seiten 19, 81 und 100 zu sehen.
Richtige Kölner hatte ich mit Holly von Marie-Lene Weyer und Sascha Schäfer vor der Kamera, die auf den Seiten 20, 113, 146,147 zu sehen ist, und auch mit der kleinen Elfie von Sarah Hirmer, Seite 94, 95, 96.
Danke an Claudia Schattenberg mit ihrer Dana, auf den Seiten 20, 53 und 73, sowie an Petra Stövesand-Guastella mit ihrem Leo, der auf den Seiten 32, 50, 78 und 103 durch das Buch dackelt.
Die braune Gretl von Anne Kowalzik ist auf den Seiten 26 und 47, hier zusammen mit einem Bayerischen Gebirgsschweißhund, dem Anderl von Susanne Hebsacker, zu sehen.
Danke an Susanne an dieser Stelle, dass Du immer für mich und meine beiden Jungs da bist und uns durchs Leben begleitest; Dein Willi ist auf Seite 49 und 138 zu sehen.
Eine wunderbare Züchterin ist auch Stefanie Diepers mit ihren »von den Zwergenkönigen«, die Fotos der Kleinen sind auf den Seiten 33, 56, 64, 68, 69, 87, 89, 90 zu sehen.
Fritzi und Bruno von Louisa Schmitz-Irmer ist auf den Seiten 37 und 46 verewigt.
Sehr süße Welpen durfte ich auch in Schwerin bei der Zucht »Teckel zum Pfaffenteich« von Marion und Michael Drewes fotografieren, eure Welpen sind auf den Seiten 40, 41, 46, 57, 94 und 106 zu sehen, danke an euch!
Einen ganz besonderen Österreicher durfte ich mit dem roten Berti von Martina Kerschhagl kennenlernen, schön ist es auch, wenn durch ein solches Fotoshooting eine neue Freundschaft entsteht; Berti sieht man auf den Seiten 42/43, 48, 112, 125, 135, 165.
Dank auch an Ramona Heider mit ihrer zuckersüßen Diana, auf den Seiten 45, 49, 58, 59, 108, 112, 134 und 142.
Einen lieben Dank auch an Georg Gless mit seinem prächtigen Blacky, der auf den Seiten 46, 133, 154 und 155 abgebildet ist.
Einen ganz lieben Kontakt und ein schönes Shooting habe ich Anabelle Schultes mit Paulchen und Janosch zu verdanken: Seite 51, 77, 118.
Claudia Rautenberg und ihre Lina: Schön, dass wir uns kennen, und danke für das schöne Shooting, siehe die Bilder auf den Seiten 56, 60 und 77.
Danke auch an Hannah Martinek mit ihren beiden Kurzhaardackeln, Froni und Gretl, zu sehen auf den Seiten 61, 152 und 163.
Anne Milbrandt und ihre zwei Butzelwälder, Lenny und Brandy: Schön, dass sich durch Fotoshootings so wunderbare Freundschaften ergeben! Die beiden sind auf den Seiten 64, 75, 132, 140,141 zu sehen.
Meine liebe Freundin Corinna Stevens und ihr schöner Dago auf den Seiten 77 und 122/123: Schön, dass es euch gibt!
Eine weitere schöne Freundschaft, Doris Boden und ihre kleine Bande, welche auf den Seiten 84, 85, 134 und 144 zu sehen ist: Schön, dass ihr dabei seid!
Besonders freut mich, liebe Tanja Graf, dass Odin und Topino dabei sind: Sie haben so schöne, weise Gesichter. Zu sehen auf den Seiten 121, 148, 170, 171, 172.
Ein Teil der Hotzenplotzbande von Simone Bretschneider ist auf den Seiten 126 und 149 zu sehen.
Der kleine Hasper-Fidus von Bretano von Ursula und Anja Vinke ist auf den Seiten 137 und 153 mit dabei.
Bajazzo von Ina Rebel ist auf Seite 151 als Entree zu sehen: Danke Ina!
Ich freue mich sehr, dass Krümel von Melanie Stroh dabei ist: Seite 154.
Dank auch an Elke Schweitzer für die Bilder von ihrem kleinen Rudel auf den Seiten 155 und 170.
Besonderer Dank – auch für eure Freundschaft – geht an Carla Reicharter und ihre Maxi, zu sehen auf Seite 157, und die kleine Raissa von Andrea Stöcker auf Seite 159.
Schön, dass auch Georgie von Carrie Schiefelbein mit dabei ist, ich liebe diese graue Schnauze – zu sehen auf Seite 173.

Danke an alle, ohne euch und eure wunderbaren Hunde wäre dies alles nicht möglich gewesen!

PETRA SPOERLE-STROHMENGER

Dank

Mein besonderer Dank geht an meine langjährige Freundin Uschi (Dr. Ursula Breuer, Tierärztliche Praxis für Verhaltenstherapie in Ostfildern). Ein immenses Wissen zum Thema Hund hat sie mir stets praxisnah vermittelt und bei unzähligen »Problem-Fellen« stand und steht sie mir mit ihrem kompetenten Rat zur Seite.

Danke auch an meine Tierschutzfreunde im In- und Ausland. Jeder »Notfall«, der mir anvertraut wurde, und meine Arbeit in den großen Rudeln der Tierheime bereicherten meinen Erfahrungsschatz.

Noch heute empfinde ich Dankbarkeit gegenüber dem Team der Serie »Hausmeister Krause«! Während der zehn Jahre unserer Zusammenarbeit entdeckte ich meine Liebe zu den Dackeln und darf mit diesen seitdem nicht nur mein Privatleben teilen. Danke auch an alle weiteren Produktionsfirmen, die meinen Dackeln und mir ihr Vertrauen entgegenbrachten.

Bedanken möchte ich mich an dieser Stelle auch bei meiner Freundin Sonja Pesch, die als Heilpraktikerin keinen unerheblichen Beitrag dazu leistet, dass meine Dackel gesund und munter durchs Leben flitzen.

Ein herzliches Dankeschön geht an meinen Agenten und Lektor, Martin Brinkmann. Er verstand es, mich für die Idee, ein Buch über Dackel zu schreiben, zu begeistern. Mit seiner Erfahrung im literarischen Bereich stand er mir stets hilfreich zur Seite.

Mein Dank gilt all jenen Menschen, die ihren Dackeln die Möglichkeit geben, glückliche Dackel zu sein!

Last but not least danke ich von Herzen meinen kleinen vierbeinigen Kameraden für unzählige lustige Momente, für ihren Arbeitseifer, ihr Engagement, ihr Selbstbewusstsein, ihre Sensibilität und ihre Loyalität. Ausschließlich meine Dackel überzeugten mich letztendlich, dieser Rasse ein Buch zu widmen.

Während ich die Zeilen schreibe, hat unsere Dackelbande ein neues Mitglied bekommen. Von seinen Besitzern ausgesetzt, trat er die Reise von Moskau nach München an: Masik, der kleine, tapfere Dackelrüde mit seinem kurzen, glänzenden, roten Haar stellt mich vor keine einfache Aufgabe. Danke, dass ich bereits nach kurzer Zeit sein Vertrauen und neue Einblicke in diese wunderbare Rasse gewinnen durfte.

EVE SCHWENDER

Impressum

Der Text »Der Dackel, mein Jagdgefährte« (S. 164–169) wurde von Eve Schwender gemeinsam mit Alexandra Wunsch-Momberger verfasst. Diese ist seit vielen Jahren passionierte Jägerin. Sie führt selber drei Rauhaarteckel, die von ihr jagdlich ausgebildet werden. Sie lebt mit ihrer Familie und ihren Jagdgefährten in Nordrhein-Westfalen und hat dort auch ihr Jagdrevier. Die Abbildungen dieses Kapitels zeigen Frau Wunsch-Momberger mit ihren Dackeln.

Das Gedicht auf Seite 25 von Joachim Ringelnatz hat den Titel *Zum Bockspringen* (Nach einer Fabel Aesops) und stammt aus dem Band Turngedichte, der 1923 im Verlag Kurt Wolff mit 17 Zeichnungen von Karl Arnold illustriert erschien.

Alle anderen Abbildungen zeigen Dackel, die Petra Spoerle-Strohmenger bei den verschiedensten Gelegenheiten fotografierte (über die Besitzer der Dackel erfahren Sie einiges in ihrem Dank auf Seite 175). Einzige Ausnahme ist das Foto auf Seite 47, das links keinen Dackel, sondern einen Bayerischen Gebirgsschweißhund zeigt.

Deutsche Originalausgabe

Ein Unternehmen der La Martinière Groupe

Gestaltung, Umschlag und Satz:
Saskia Helena Kruse, www.rangnamen.de, Berlin
Lektorat: Valeska Hagner, München
Gesamtherstellung und Druck:
Lösch Medien Manufaktur, Waiblingen

Printed in Lettland
ISBN 978-3-86873-841-4

www.knesebeck-verlag.de